DÉPARTEMENT DE MEURTHE-ET-MOSELLE

SOCIÉTÉ CENTRALE D'AGRICULTURE ET COMICE DE NANCY

STATISTIQUE AGRICOLE

DE LA

MOYENNE ET GRANDE PROPRIÉTÉ

(FERMES DE 20 HECTARES ET AU-DESSUS)

I. LE SOL. — II. LES PRODUITS VÉGÉTAUX. — III. LES ANIMAUX DE LA FERME. — IV. LES INSTRUMENTS DE TRAVAIL.

DRESSÉE ET PUBLIÉE AU NOM DU BUREAU

PAR

Frédéric FRAISSE

SECRÉTAIRE GÉNÉRAL DE LA SOCIÉTÉ ET DU COMICE

DÉPARTEMENT DE MEURTHE-ET-MOSELLE

SOCIÉTÉ CENTRALE D'AGRICULTURE ET COMICE DE NANCY

STATISTIQUE AGRICOLE

DE LA

MOYENNE ET GRANDE PROPRIÉTÉ

(FERMES DE 20 HECTARES ET AU-DESSUS)

I. LE SOL. — II. LES PRODUITS VÉGÉTAUX. — III. LES ANIMAUX DE LA FERME. — IV. LES INSTRUMENTS DE TRAVAIL.

DRESSÉE ET PUBLIÉE AU NOM DU BUREAU

PAR

Frédéric FRAISSE

SECRÉTAIRE GÉNÉRAL DE LA SOCIÉTÉ ET DU COMICE

SOMMAIRE

N. B. — Chacune des cinq parties de la Statistique est paginée séparément

ARRONDISSEMENT DE BRIEY

I

LE SOL

A Dénombrement des fermes.
B Nature du sol et répartition des diverses natures de sol.
C Répartition des terres cultivées et incultes.
D Amélioration et travail du sol.
E Valeur vénale du sol, son prix de location et sa rente.
F Évaluation en numéraire du sol des fermes.

ARRONDISSEMENT DE BRIEY.

LES SIX CANTONS

I.

LE SOL.

A

Dénombrement des fermes au-dessus de 20 hectares et classement par contenance.

CANTONS.	20 à 29	30 à 39	40 à 49	50 à 59	60 à 79	80 à 99	100 à 149	150 à 199	200 à 300	TOTAUX.
Audun-le-Roman	66	37	21	20	16	11	7	0	0	178
Briey	34	21	16	15	23	8	3	0	0	120
Chambley.....	18	21	10	15	19	7	6	1	0	97
Conflans......	54	38	32	24	30	13	7	4	2	204
Longuyon.....	47	28	15	14	9	3	4	0	0	120
Longwy......	58	28	13	6	6	3	0	0	1	115
ARRONDISSEMENT.	277	173	107	94	103	45	27	5	3	834

B

Nature du sol occupé par les fermes.

CANTONS.	TERRE FORTE.	TERRE MOYENNE.	TERRE LÉGÈRE.	SUPERFICIE OCCUPÉE.
Audun-le-Roman .	Ha. 2.165 91	Ha. 2.811 94	Ha. 2 593 94	Ha. 7.571 79
Briey.	1.841 66	2.468 98	1.083 53	5.394 07
Chambley.	901 34	2.604 61	1.552 55	5.058 50
Conflans.	4.677 »	3.826 14	1.723 54	10.226 68
Longuyon.	910 24	2.663 53	1.190 22	4.764 09
Longwy	279 13	1.621 44	2.058 02	3.958 59
ARRONDISSEMENT.	Ha. 10.775 28	Ha. 15.996 64	Ha. 10.201 80	Ha. 36.973 72

Rapports en centièmes entre les diverses natures de terre.

CANTONS.	TERRE FORTE.	TERRE MOYENNE.	TERRE LÉGÈRE.	
Audun-le-Roman. .	28 60	37 27	34 13	Pour 100 hectares.
Briey.	34 68	46 29	19 03	
Chambley	15 85	53 46	37 69	
Conflans.	45 73	37 41	16 86	
Longuyon	19 12	55 99	24 89	
Longwy	8 »	40 12	51 88	
ARRONDISSEMENT.	29 05	43 57	27 38	

C

Surfaces occupées dans les fermes par les terres cultivées et incultes.

CANTONS.	SURFACE CULTIVÉE.	SURFACE EN JACHÈRES.	BATIMENTS, CHEMINS, ETC.	CONTENANCE TOTALE.
	Ha.	Ha.	Ha.	Ha.
Audun-le-Roman. .	6.218 19	939 30	414 30	7.571 79
Briey.	4.344 91	748 90	300 26	5.394 07
Chambley	4.084 97	722 »	251 53	5.058 50
Conflans.	8.731 19	1.121 88	373 61	10.226 68
Longuyon	4.042 96	443 60	277 53	4.764 09
Longwy.	3.343 70	374 36	240 53	3.958 59
	Ha.	Ha.	Ha.	Ha.
ARRONDISSEMENT.	30.765 92	4.350 04	1.857 76	36.973 72

Rapports en centièmes entre ces trois surfaces réunies.

CANTONS.	SURFACE CULTIVÉE.	SURFACE EN JACHÈRES.	CHEMINS, BATIMENTS, ETC.	CONTENANCE.
Audun-le-Roman. .	82 12	15 10	2 78	Pour 100 hectares.
Briey.	80 53	17 24	2 23	
Chambley	80 75	15 22	4 03	
Conflans.	85 35	13 99	0 66	
Longuyon	85 38	11 »	3 62	
Longwy	84 46	11 02	4 52	
	—	—	—	
ARRONDISSEMENT.	83 09	13 93	2 98	

D

Améliorations du sol et opérations.

CANTONS.	HECTARES DRAINÉS.	HECTARES IRRIGUÉS.
Audun-le-Roman	348 50	139 98
Briey.	205 30	93 50
Chambley.	62 »	62 50
Conflans.	320 34	228 10
Longuyon.	45 »	23 30
Longwy.	17 75	70 62
ARRONDISSEMENT.	998 89	618 »

Rapports en centièmes.

CANTONS.	ENTRE LES SURFACES DRAINÉES ET LE SOL CULTIVÉ.				ENTRE LES SURFACES IRRIGUÉES ET LES PRAIRIES NATURELLES.			
	La superficie du sol cultivé est à la partie drainée.				La surface des prairies nat. est à la partie irriguée.			
Audun-le-Roman.	::	100	:	5 60	::	100	:	19 56
Briey.	::	»	:	4 72	::	»	:	16 40
Chambley.	::	»	:	1 51	::	»	:	17 »
Conflans.	::	»	:	3 67	::	»	:	19 50
Longuyon.	::	»	:	1 11	::	»	:	5 77
Longwy.	::	»	:	0 53	::	»	:	21 46
ARRONDISSEMENT	::	100	:	3 24	::	100	:	17 37

Quantité d'hectares labourés par les fermiers pour les manœuvres.

Canton d'Audun-le-Roman.	842 15
— Briey.	577 60
— Chambley.	486 70
— Conflans.	1.564 70
— Longuyon.	460 70
— Longwy.	409 90
ARRONDISSEMENT.	4.341 75

E

Valeur vénale de l'hectare.

TERRES. — CANTONS.	1re CLASSE. PRIX			2e CLASSE. PRIX			3e et 4e CLASSES. PRIX		
	plus haut	plus bas.	MOYEN.	plus haut	plus bas.	MOYEN.	plus haut	plus bas.	MOYEN.
Audun-le-Roman	Fr. 3.500	Fr. 2.100	Fr. 2.547	Fr. 1.800	Fr. 1.000	Fr. 1.289	Fr. 900	Fr. 300	Fr. 713
Briey.	2.500	2.000	2.125	1.900	1.000	1.427	900	150	408
Chambley.	4.000	2.000	2.350	1.800	1.000	1.477	900	750	837
Conflans.	3.600	2.000	2.362	1.845	1.000	1.470	900	800	868
Longuyon.	3.000	2.000	2.292	1.800	1.000	1.409	900	400	600
Longwy.	3.500	2.000	2.684	1.800	1.000	1.733	»	»	»
ARRONDISSEMENT.	Fr. 4.000	Fr. 2.000	Fr. 2.393	Fr. 1.900	Fr. 1.000	Fr. 1.462	Fr. 900	Fr. 150	Fr. 685

Valeur locative de l'hectare.

TERRES. — CANTONS.	1re Classe.			2e Classe.			3e et 4e Classes.		
	PRIX			PRIX			PRIX		
	plus haut.	plus bas.	moyen.	plus haut.	plus bas.	moyen.	plus haut.	plus bas.	moyen.
Audun-le-Roman	Fr. 90	Fr. 45	Fr. 65	Fr. 50	Fr. 23	Fr. 43	Fr. 30	Fr. 10	Fr. 18
Briey	70	55	61	60	30	46	24	12	16
Chambley	70	45	58	55	35	48	35	30	31
Conflans	70	48	58	55	30	40	38	25	33
Longuyon	90	48	56	55	35	44	30	10	17
Longwy	105	50	62	70	50	57	»	»	»
Arrondissement.	Fr. 105	Fr. 45	Fr. 60	Fr. 70	Fr. 23	Fr. 47	Fr. 38	Fr. 10	Fr. 23

Rente locative de l'hectare.

TERRES. — CANTONS.	1re Classe. — Revenu moyen.	2e Classe. — Revenu moyen.	3e et 4e Classes. — Revenu moyen.
Audun-le-Roman	Fr. 2 55	Fr. 3 33	Fr. 2 54
Briey	2 82	3 22	3 92
Chambley	2 46	3 24	3 70
Conflans	2 39	3 12	3 90
Longuyon	2 34	3 13	2 83
Longwy	2 30	3 28	» »
Arrondissement.	Fr. 2 48	Fr. 3 22	Fr. 3 38

F

Évaluation moyenne de la valeur des terres constituant les fermes de 20 hectares et au-dessus.

CANTONS.	TERRES MOYENNES. — 1re CLASSE.	TERRES LÉGÈRES. — 2e CLASSE.	TERRES FORTES. — 3e et 4e CLASSES.	TOTAUX.
Audun-le-Roman	Fr. 7.162.011	Fr. 3.343.589	Fr. 1.544.293	Fr. 12.049.893
Briey	5.246.582	1.546.197	751.398	7.544.177
Chambley	6.120.834	2.293.116	754.422	9.168.372
Conflans	9.037.343	2.533.603	4.059.636	15.630.582
Longuyon	6.104.811	1.677.020	546.144	8.327.975
Longwy	4.351.944	4.050.282	» »	8.402.226
ARRONDISSEMENT.	Fr. 38.023.525	Fr. 15.443.807	Fr. 7.655.893	Fr. 61.123 225

II

PRODUITS VÉGÉTAUX

LES RÉCOLTES

A Leur répartition.
B Leurs rendements et production.
C Leur répartition dans l'alimentation de l'homme et des animaux.
D Évaluation en numéraire de leurs produits.

A

Répartition des diverses cultures sur le sol des fermes.

CANTONS.	CÉRÉALES.	PRAIRIES NATURELLES.	PRAIRIES ARTIFICIELLES.	PLANTES SARCLÉES.	VIGNES, HOUBLONS.
	Ha.	Ha.	Ha.	Ha.	Ha.
Audun-le-Roman. . . .	4.709 68	720 72	536 36	251 43	» »
Briey.	3.179 75	570 95	360 »	233 35	0 86
Chambley.	3.132 85	368 60	392 25	187 80	3 47
Conflans.	6.598 25	1.164 68	565 94	399 55	2 77
Longuyon	2.940 53	403 26	555 88	145 29	» »
Longwy	2.392 70	329 45	466 20	155 35	» »
	Ha.	Ha.	Ha.	Ha.	Ha.
ARRONDISSEMENT.	22.953 76	3.557 66	2.876 63	1.372 77	7 10

Rapports en centièmes entre la surface du sol cultivé et celle occupée par les diverses cultures (vignes et houblonnières exceptées).

CANTONS.	SURFACE.	CÉRÉALES	PRAIRIES NATURELLES.	PRAIRIES ARTIFICIELLES.	PLANTES SARCLÉES.
		Ha.	Ha.	Ha.	Ha.
Audun-le-Roman	100 hectares contiennent.	75 74	11 59	8 61	4 06
Briey.		73 19	13 14	8 28	5 39
Chambley.		76 75	9 31	9 61	4 33
Conflans		75 59	13 34	6 48	4 59
Longuyon.		72 73	9 97	13 74	3 56
Longwy		71 55	9 85	13 94	4 66
		Ha.	Ha.	Ha.	Ha.
ARRONDISSEMENT.	100 hectares.	74 26	11 20	10 11	4 43

Rapports en centièmes entre diverses cultures :
Céréales et plantes sarclées. — Prairies naturelles et prairies artificielles.

SUR 100 HECTARES.

CANTONS.	CÉRÉALES.	PLANTES SARCLÉES.	PRAIRIES NATURELLES.	PRAIRIES ARTIFICIELLES.
Audun-le-Roman	94 88	5 12	58 13	41 87
Briey	95 77	4 23	60 26	39 74
Chambley.	94 01	5 99	48 45	51 55
Conflans.	94 28	5 72	67 30	32 70
Longuyon.	95 30	4 70	42 05	57 95
Longwy.	93 91	6 09	44 41	58 59
ARRONDISSEMENT.	94 69	5 31	52 93	47 07

Répartition des diverses céréales sur le sol des fermes.

CANTONS.	BLÉ.	SEIGLE.	ORGE.	AVOINE.	TOTAUX.
	Ha.	Ha.	Ha.	Ha.	Ha.
Audun-le-Roman	2.302 10	62 »	88 40	2.257 18	4.709 68
Briey	1.583 23	79 67	181 16	1.335 69	3.179 75
Chambley	1.525 73	48 79	108 68	1.449 65	3.132 85
Conflans	3.230 88	186 09	240 32	2.940 96	6.598 25
Longuyon	1.239 74	164 12	184 29	1.352 38	2.940 53
Longwy.	1.082 20	93 95	165 75	1.050 80	2.392 70
	Ha.	Ha.	Ha.	Ha.	Ha.
ARRONDISSEMENT.	10.963 88	634 62	968 60	10.386 66	22.953 76

Rapports en centièmes entre les diverses céréales.

CANTONS.		BLÉ.	SEIGLE.	ORGE.	AVOINE.
Audun-le-Roman	Pour 100 hectares.	Ha. 48 88	Ha. 1 31	Ha. 1 97	Ha. 47 84
Briey		47 40	2 58	5 88	44 14
Chambley		48 70	1 56	3 46	46 28
Conflans		48 98	2 82	3 64	44 56
Longuyon		42 25	5 58	6 26	45 91
Longwy		45 54	3 92	6 93	43 61
ARRONDISSEMENT.		Ha. 46 96	Ha. 2 96	Ha. 4 69	Ha. 45 39

Répartition des diverses plantes sarclées (betteraves, pommes de terre et autres).

CANTONS.	BETTERAVES.	POMMES DE TERRE.	DIVERSES: MAÏS, TOPINAMBOURS, COLZA, ETC.	TOTAUX.
Audun-le-Roman	Ha. 32 61	Ha. 214 56	Ha. 4 26	Ha. 251 43
Briey	28 65	200 90	3 80	233 35
Chambley	30 45	152 45	4 90	187 80
Conflans	43 30	349 85	6 40	399 55
Longuyon	10 76	120 80	11 73	143 29
Longwy	27 75	124 31	3 29	155 35
ARRONDISSEMENT.	Ha. 173 52	Ha. 1.162 87	Ha. 34 38	Ha. 1.370 77

Rapports en centièmes entre les diverses plantes sarclées.

CANTONS.		BETTERAVES.	POMMES DE TERRE.	DIVERSES.
Audun-le-Roman. . .	Pour 100 hectares.	Ha. 12 93	Ha. 85 78	Ha. 1 29
Briey.		12 27	86 10	1 63
Chambley		16 17	81 [illegible]3	2 60
Conflans.		10 84	87 56	1 60
Longuyon		7 51	84 [illegible]1	8 18
Longwy		17 86	80 03	2 11
	—	—	—	—
ARRONDISSEMENT.	Pour 100 hectares.	Ha. 12 66	Ha. 84 84	Ha. 2 50

B

Rendements des céréales par hectare exprimés en kilogrammes.

CANTONS.	BLÉ.			SEIGLE.			ORGE.			AVOINE.		
	Plus haut	Plus bas.	MOYEN.	Plus haut	Plus bas.	MOYEN.	Plus haut	Plus bas.	MOYEN.	Plus haut	Plus bas.	MOYEN.
Audun-le-Roman.	1.980	675	Kg. 1.105	1.450	800	Kg. 1.197	1.300	750	Kg. 1.249	1,250	495	Kg. 962
Briey	1.655	650	1.146	1.350	1.050	1.188	1.400	1.100	1.279	1.200	945	1.048
Chambley.	1.950	750	1.180	1.300	750	1.049	1.900	1.050	1.358	1.173	945	994
Conflans	2.030	600	1.426	1.400	900	1.245	1.600	754	1.128	1.400	1.000	1.150
Longuyon	2.550	900	1.219	1.200	700	1.013	1.280	300	1.002	2.700	925	1.279
Longwy.	1.600	720	1.140	1.400	812	976	1.000	560	912	1.260	750	850
	—	—	—	—	—	—	—	—	—	—	—	—
ARRONDISSEMENT.	1.960	716	Kg. 1.198	1.300	835	Kg. 1.112	1.413	752	Kg. 1.155	1.497	843	Kg. 1.047

Rendements moyens des céréales exprimés en hectolitres.

CANTONS.	BLÉ.	SEIGLE.	ORGE.	AVOINE.
Audun-le-Roman	14 54	16 62	20 81	20 46
Briey	14 61	16 49	21 32	22 29
Chambley	15 53	14 56	22 63	21 15
Conflans	18 76	17 29	18 80	24 46
Longuyon	16 03	14 06	16 60	27 21
Longwy	15 00	13 55	15 20	18 08
	—	—	—	—
ARRONDISSEMENT.	15 74	15 44	19 23	22 28

Rendements des prairies naturelles et artificielles exprimés en kilogrammes.

POUR 1 HECTARE.

CANTONS.	PRAIRIES NATURELLES.			PRAIRIES ARTIFICIELLES.		
	Plus haut.	Plus bas.	RENDEMENT MOYEN.	Plus haut.	Plus bas.	RENDEMENT MOYEN.
Audun-le-Roman	6.000	1.700	2.683	9.000	3.500	4.124
Briey	10.000	1.500	3.752	8.000	1.500	4.539
Chambley	6.650	2.000	3.668	7.475	1.700	4.534
Conflans	15.000	600	3.527	6.000	900	3.334
Longuyon	20.000	2.000	5.979	30.000	2.500	11.662
Longwy	17.000	2.500	4.684	20.000	2.500	6.503
	—		—	—		—
ARRONDISSEMENT.	20.000	600	4.049	30.000	3.334	5.771

Rendements des plantes sarclées exprimés en kilogrammes.

CANTONS.	BETTERAVES.			POMMES DE TERRE.		
	Plus haut.	Plus bas.	RENDEMENT MOYEN.	Plus haut.	Plus bas.	RENDEMENT MOYEN.
Audun-le-Roman	29.000	19.200	22.533	18.000	900	11.570
Briey.	30.000	18.000	22 000	15.125	6.000	11.015
Chambley.	35.000	18.000	23.379	15.000	7.800	9.582
Conflans.	50.000	15.000	28.329	20.000	5.000	8.781
Longuyon.	25.000	20.000	22.500	16.000	4.300	8.986
Longwy.	26.000	20.000	23.050	17.000	6.600	13.466
	—		—	—		—
ARRONDISSEMENT.	50.000	15.000	23.746	20.000	900	10.557

Rapports en centièmes entre le rendement des prairies naturelles et celui des prairies artificielles.

CANTONS.	PRAIRIES NATURELLES.	PRAIRIES ARTIFICIELLES.
Audun-le-Roman	Qx. 39	Qx. 61
Briey	46	54
Chambley	43	54
Conflans	51	49
Longuyon	34	66
Longwy	42	58
	—	—
ARRONDISSEMENT.	Qx. 43	Qx. 57

Rapports en centièmes entre le rendement des betteraves et celui des pommes de terre.

CANTONS.	BETTERAVES.	POMMES DE TERRE.
Audun-le-Roman	Qx. 66	Qx. 34
Briey	66	34
Chambley	71	29
Conflans	76	24
Longuyon	71	29
Longwy	63	37
ARRONDISSEMENT.	Qx. 69	Qx. 31

Production des récoltes, d'après leurs rendements moyens, exprimée en quintaux.

CÉRÉALES.

CANTONS.	BLÉ.	SEIGLE.	ORGE.	AVOINE.
Audun-le-Roman	25.438 21	742 14	1.104 12	21.714 07
Briey	17.668 85	946 48	2.317 03	13.998 03
Chambley	18.003 61	511 80	1.475 87	14.409 52
Conflans	46.072 35	2.316 82	2.710 81	33.821 04
Longuyon	15.112 43	662 54	1.846 58	17.296 94
Longwy	12.337 08	916 95	1.511 64	8.931 80
ARRONDISSEMENT.	134.632 53	6.096 73	10.966 05	110.171 40

Production des récoltes, d'après leurs rendements moyens, exprimée en hectolitres.

CÉRÉALES.

CANTONS.	BLÉ.	SEIGLE.	ORGE.	AVOINE.
Audun-le-Roman.	33.477 32	1.030 75	1.840 20	48.327 80
Briey	23.248 49	1.314 55	3.861 60	29.783 04
Chambley.	23.688 96	710 83	2.459 78	30.660 04
Conflans.	60.621 51	3.217 80	4.518 01	71.959 65
Longuyon	19.884 77	920 19	3.076 63	36.802 »
Longwy.	16.233 »	1.273 54	2.519 40	18.606 62
ARRONDISSEMENT.	177.148 05	8.467 66	18.276 71	236.139 15

Rapports en centièmes, de la production des diverses céréales, exprimés en quintaux métriques.

CANTONS.	PRODUCTION EN CENTIÈMES.	BLÉ.	SEIGLE.	ORGE.	AVOINE.
Audun-le-Roman.	100	51 91	1 51	2 25	44 33
Briey		50 58	2 70	6 63	40 09
Chambley.		52 33	1 49	4 29	41 89
Conflans		54 25	2 72	3 19	39 84
Longuyon.		43 22	1 89	5 26	49 63
Longwy		52 06	3 86	6 37	37 71
	—	—	—	—	—
ARRONDISSEMENT.	100	50 73	2 36	4 66	42 25

Rapports en centièmes, de la production des diverses céréales, exprimés en hectolitres.

CANTONS.	PRODUCTION EN CENTIÈMES.	BLÉ.	SEIGLE.	ORGE.	AVOINE.
Audun-le-Roman	100	40 54	1 24	2 22	56 »
Briey		42 46	2 39	7 01	48 14
Chambley		41 19	1 24	4 24	53 33
Conflans		43 20	3 21	2 22	51 37
Longuyon		32 69	1 51	5 04	60 76
Longwy		41 61	3 25	6 45	48 69
ARRONDISSEMENT.	100	40 28	2 14	4 53	53 05

Production des récoltes.

PRAIRIES NATURELLES ET ARTIFICIELLES.

CANTONS.	PRAIRIES NATURELLES.	PRAIRIES ARTIFICIELLES.
Audun-le-Roman	Qx. 19.336	Qx. 22.119
Briey	21.422	16.340
Chambley	13.520	17.784
Conflans	41.078	18.868
Longuyon	24.110	64.826
Longwy	15.431	30.316
ARRONDISSEMENT.	Qx. 134.897	Qx. 170.253

Production des récoltes.

PLANTES SARCLÉES.

CANTONS.	BETTERAVES.	POMMES DE TERRE.
Audun-le-Roman	Qx. 7.348	Qx. 31.127
Briey	6.303	23.120
Chambley	7.119	14.607
Conflans	12.266	30.720
Longuyon	2.421	10.855
Longwy	6.253	16.740
ARRONDISSEMENT.	Qx. 41.710	Qx. 127.169

C

Répartition par tête d'habitants de la production du blé et du seigle.

CANTONS.	BLÉ	SEIGLE.
Audun-le-Roman	Pour 1 habitant Lit. 376 par an.	Pour 1 habitant Lit. 11 58 par an.
Briey	307 »	25 65
Chambley	533 »	16 »
Conflans	724 »	38 36
Longuyon	165 50	7 45
Longwy	97 »	7 60
ARRONDISSEMENT.	Lit. 367 14	Lit. 17 77

Répartition par tête de chevaux de la production de l'avoine.

CANTONS.	AVOINE.			
		Lit.		Lit.
Audun-le-Roman	Pour 1 cheval par an	3.574 50	Par jour	9 79
Briey		2.524 »		6 91
Chambley		3.311 »		9 07
Conflans		3.631 »		9 95
Longuyon		3.702 50		10 14
Longwy		2.404 »		6 58
		—		—
ARRONDISSEMENT.		Lit. 3.191 »		Lit. 8 74

Répartition par tête d'animaux des espèces chevaline et bovine de la production réunie des prairies naturelles et des prairies artificielles.

CANTONS.	PAR AN.	PAR JOUR.
	Qx.	Kos. Gr.
Audun-le-Roman	14 70	4 »
Briey	18 »	5 »
Chambley	22 »	6 »
Conflans	16 »	4 40
Longuyon	43 »	12 »
Longwy	25 »	6 80
	—	—
ARRONDISSEMENT.	Qx. 23 30	Kos. Gr. 6 33

D

Évaluation en numéraire de la production des récoltes d'après le prix moyen des deux dernières années, 1876 et 1877.

CÉRÉALES.

CANTONS.	BLÉ 28f 50.	SEIGLE 19f 72.	ORGE 20f 10	AVOINE 21f 48.	TOTAUX.
Audun-le-Roman.	724.983f	14.632f	22.190f	466.417f	1.228.222f
Briey.	503.566	18.655	46.572	300.677	869.470
Chambley.	513.114	10.097	29.667	309.505	862.383
Conflans.	1.826.164	45.691	54.491	726.475	2.652.821
Longuyon.	430.692	13.055	37.105	371.540	852.392
Longwy.	351.605	18.083	30.391	191.859	591.938
ARRONDISSEMENT.	4.350.124f	120.213f	220.416f	2.366.473f	7.057.226f

FOURRAGES.

CANTONS.	FOIN DE PRAIRIE, TRÈFLE, LUZERNE, ETC. 14f 79.
Audun-le-Roman. . . .	Fr. 488 755
Briey.	445.214
Chambley.	369.074
Conflans.	706.763
Longuyon.	1.048.555
Longwy.	539.357
ARRONDISSEMENT.	3.597.718f

PLANTES SARCLÉES.

CANTONS.	BETTERAVES, 2f LE QUINTAL.	POMMES DE TERRE, 5f LE QUINTAL.	TOTAUX.
Audun-le-Roman	14.696 Fr.	155.635 Fr.	170.331 Fr.
Briey	12.606	115.600	128.206
Chambley	14.238	75.035	89.273
Conflans	24.532	153.600	178.132
Longuyon	4.842	54.275	59.117
Longwy	12.506	83.700	96.206
ARRONDISSEMENT.	83.420 Fr.	637.845 Fr.	721.265 Fr.

RÉCAPITULATION.

Céréales	7.057.226 Fr.
Fourrages	3.597.718
Racines et tubercules	721.265
TOTAL	11.376.209 Fr.

III

LES ANIMAUX DE LA FERME

A Leur dénombrement et leur répartition par espèce.
B Leur répartition par genres.
C Leurs rapports avec le sol et les récoltes.
D Leurs produits.
E Évaluation en numéraire des animaux et de leurs produits.

A

Dénombrement des animaux de la ferme.

CANTONS.	ANIMAUX DES ESPÈCES			
	CHEVALINE.	BOVINE.	OVINE.	PORCINE.
Audun-le-Roman	1.352	1.466	635	1.318
Briey	1.180	920	588	854
Chambley	926	494	500	524
Conflans	1.982	1.771	1.550	1.133
Longuyon	994	1.067	637	760
Longwy	774	1.083	778	922
ARRONDISSEMENT.	7.208	6.801	4.688	5.511

Dénombrement des têtes de bétail.

Un cheval = 1. *Un* bœuf = 1. *Dix* moutons = 1. *Cinq* porcs = 1.

CANTONS.	ANIMAUX DES ESPÈCES				
	CHEVALINE.	BOVINE.	OVINE.	PORCINE.	TOTAUX.
Audun-le-Roman	1.352	1.466	63 5	263 6	3.145 1
Briey	1.180	920	58 8	170 8	2.329 6
Chambley	926	494	50 »	104 8	1.574 8
Conflans	1.982	1.771	155 »	226 6	4.134 6
Longuyon	994	1.067	63 7	152 »	2.276 7
Longwy	774	1.083	77 8	184 4	2.119 2
ARRONDISSEMENT.	7.208	6.801	468 8	1.102 2	15.580 »

Rapports en centièmes entre les espèces animales de la ferme.

CANTONS.	ESPÈCES :			
	CHEVALINE.	BOVINE.	OVINE.	PORCINE.
Audun-le-Roman.	28	29	16	27
Briey.	31	26	19	24
Chambley	37	20	22	21
Conflans.	36	32	11	21
Longuyon	29	30	19	22
Longwy	22	30	22	26
	—	—	—	—
ARRONDISSEMENT.	31	28	18	23

Rapports en centièmes entre les têtes de bétail.

CANTONS.	ESPÈCES :			
	CHEVALINE.	BOVINE.	OVINE.	PORCINE.
Audun-le-Roman.	43	46	3	8
Briey.	51	39	3	7
Chambley	59	31	3	7
Conflans.	48	43	4	5
Longuyon	44	47	3	6
Longwy	37	51	3	9
	—	—	—	—
ARRONDISSEMENT.	47	43	3	7

Rapports en centièmes entre les animaux des espèces chevaline et bovine.

CANTONS.	ANIMAUX.	ESPÈCE CHEVALINE.	ESPÈCE BOVINE.
Audun-le-Roman.	100 têtes.	48	52
Briey		56	44
Chambley		65	35
Conflans		53	47
Longuyon		48	52
Longwy		42	58
		—	—
ARRONDISSEMENT.		52	48

Rapports en centièmes entre les animaux des espèces ovine et porcine.

CANTONS.	ANIMAUX.	ESPÈCE OVINE.	ESPÈCE PORCINE.
Audun-le-Roman	100 têtes.	33	67
Briey		41	59
Chambley		49	51
Conflans		58	42
Longuyon.		46	54
Longwy		46	54
		—	—
ARRONDISSEMENT.		46	54

B

Répartition des animaux.

ESPÈCE CHEVALINE.

CANTONS.	CHEVAUX.	JUMENTS.	POULAINS et POULICHES.	ÉTALONS.	TOTAUX.
Audun-le-Roman .	317	620	393	22	1.352
Briey.	404	487	246	43	1.180
Chambley	205	421	252	48	926
Conflans	581	823	518	60	1.982
Longuyon.	256	408	298	32	994
Longwy	246	336	165	27	774
ARRONDISSEMENT.	2.009	3.095	1.872	232	7.208

ESPÈCE BOVINE.

CANTONS.	BŒUFS.	VACHES et GÉNISSES.	TAUREAUX.	TOTAUX.
Audun-le-Roman. .	203	1.187	76	1.466
Briey.	215	681	24	920
Chambley	25	442	27	494
Conflans	134	1.543	94	1.771
Longuyon	89	918	60	1.067
Longwy	74	960	49	1.083
ARRONDISSEMENT.	740	5.731	330	6.804

Rapports en centièmes entre les animaux.

ESPÈCE CHEVALINE.

CANTONS.	CHEVAUX.	JUMENTS.	POULAINS ET POULICHES.	ÉTALONS.
Audun-le-Roman.	23	46	29	2
Briey.	34	42	20	4
Chambley	22	46	27	5
Conflans.	29	42	26	3
Longuyon	25	42	30	3
Longwy	32	44	21	3
	—	—	—	—
ARRONDISSEMENT.	27	44	26	3

ESPÈCE BOVINE.

CANTONS.	BŒUFS.	VACHES ET GÉNISSES.	TAUREAUX.
Audun-le-Roman..	14	81	5
Briey	23	74	3
Chambley.	5	89	6
Conflans.	7	87	6
Longuyon.	8	86	6
Longwy	7	88	5
	—	—	—
ARRONDISSEMENT.	12	83	5

C

Rapports en centièmes entre le nombre de têtes de bétail et le nombre d'hectares en culture.

CANTONS.	HECTARES EN CULTURE.	TÊTES DE BÉTAIL.	HECTARE.	TÊTE DE BÉTAIL.	
Audun-le-Roman.	Pour 100 hectares.	50 têtes.	Pour 1 hectare.	1/2	
Briey		53		1/2	$\frac{3}{100}$
Chambley		39		1/3	$\frac{6}{100}$
Conflans.		47		2/5	$\frac{7}{100}$
Longuyon		56		1/2	$\frac{6}{100}$
Longwy		63		3/5	$\frac{3}{100}$
		—		—	
ARRONDISSEMENT.	Pour 100 hectares.	51	Pour 1 hectare.	1/2	$\frac{1}{100}$

Rapports en centièmes entre le nombre de têtes de bétail herbivore et le nombre d'hectares en prairies naturelles et artificielles.

CANTONS.	HECTARES N PRAIRIES.	TÊTES DE BÉTAIL.	HECTARE.	TÊTE DE BÉTAIL.	
Audun-le-Roman.	Pour 100 hectares.	229 têtes.	Pour 1 hectare.	2 tête	$\frac{1}{4}$
Briey.		232		2	$\frac{1}{3}$
Chambley.		187		1	$\frac{5}{6}$
Conflans.		226		2	$\frac{3}{8}$
Longuyon.		223		2	$\frac{2}{6}$
Longwy.		243		2	$\frac{2}{3}$
	—	—	—	—	
ARRONDISSEMENT.	Pour 100 hectares.	223	Pour 1 hectare.	2	$\frac{2}{6}$

D

Produits des animaux de la ferme.

LE LAIT.

CANTONS.	PRODUCTION TOTALE.	CONVERTI EN BEURRE OU FROMAGE.	CONSOMMÉ SUR PLACE.	VENDU AU DEHORS.	PRIX DU LITRE.
	Lit.	Lit.	Lit.	Lit.	Centimes.
Audun-le-Roman	952.619	629.259	241.651	81.709	10-15-20
Briey	844.743	444.259	230.266	170.218	15
Chambley	667.267	456.194	123.968	87.105	10-15-20
Conflans	1.302.747	842.463	310.636	149.648	10-15-20
Longuyon	939.550	543.088	190.191	206.271	15-17-20
Longwy	901.500	490.170	173.647	237.683	15-18-20
ARRONDISSEMENT.	5.608.426	3.405.433	1.270.359	932.634	0 fr. 175.

Rapports en centièmes entre les divers emplois du lait.

CANTONS.	SUR QUANTITÉ PRODUITE.	QUANTITÉ CONVERTIE EN BEURRE OU FROMAGE.	CONSOMMÉE SUR PLACE.	VENDUE AU DEHORS
	Lit.	Lit.	Lit.	Lit.
Audun-le-Roman	100	66 06	25 36	8 58
Briey		52 60	27 25	20 15
Chambley		68 38	18 57	13 05
Conflans		64 68	23 84	11 48
Longuyon		57 81	20 24	21 95
Longwy		54 37	19 27	26 36
	—	—	—	—
	Lit.		Lit.	Lit.
ARRONDISSEMENT.	100	60 56	22 82	16 62

Quantité de lait fournie par jour par une vache, déduction faite des génisses, *(les deux cinquièmes du nombre)* **et le temps de production estimé à 300 jours.**

CANTONS	VACHES LAITIÈRES.	LAIT FOURNI PAR AN.	VACHE.	LAIT FOURNI PAR JOUR.
Audun-le-Roman	712	Lit. 952.619	1	Lit. 4 46
Briey	409	844.743		6 88
Chambley	266	667.267		8 36
Conflans	927	1.302.747		4 68
Longuyon	551	939.550		5 70
Longwy	576	901.500		5 22
ARRONDISSEMENT	3.441	Lit. 5.608.426	1	5 88

Répartition de la production annuelle du lait par tête d'habitants.

CANTONS.	POUR UN HABITANT.
Audun-le-Roman	Par an. Lit. 107 10
Briey	110 19
Chambley	149 91
Conflans	155 27
Longuyon	78 17
Longwy	53 89
ARRONDISSEMENT	109 09

LA LAINE

Rendements moyens annuels

Estimés pour moutons de races et du pays réunis, à 2 kilog. 750.

CANTONS.	
	Kil. Gr.
Audun-le-Roman	1.746 250
Briey	1.617 »
Chambley	1.375 »
Conflans	4.262 500
Longuyon	1.751 750
Longwy	2.159 500
	Kil. Gr.
ARRONDISSEMENT.	12.912 000

E

Évaluation en numéraire des animaux et de leurs produits.

CANTONS.	ESPÈCE CHEVALINE.	ESPÈCE BOVINE.	TOTAUX.
Audun-le-Roman	743.000f	733.000f	1.476.600f
Briey	649 000	460.000	1.109.000
Chambley	509.300	247.000	756.300
Conflans	1.090.100	885.500	1.975.600
Longuyon	546.700	533.500	1.080.200
Longwy	425.700	541.500	967.200
ARRONDISSEMENT.	3.964.400f	3.400.500f	7 364.900f

CANTONS.	ESPÈCE OVINE.	ESPÈCE PORCINE.	TOTAUX.
Audun-le-Roman	22.925f	197.700f	220.625f
Briey	20.580	128.100	148.680
Chambley	17.500	78.600	96.100
Conflans	54.250	169.950	224.200
Longuyon	22.295	114.000	136.295
Longwy	27.230	138.300	165.530
ARRONDISSEMENT.	164.780f	826.650f	991.430f

CANTONS.	LAIT, 0 FR. 20 LITRE.	LAINE, 1 FR. 75 KILOG.	TOTAUX.
Audun-le-Roman	Fr. 142.892	Fr. 3.055	Fr. 145.947
Briey.	126.712	2.830	129.542
Chambley.	100.090	2.406	102.496
Conflans.	195.412	7.461	202.873
Longuyon.	140.932	3.066	143.998
Longwy.	135.225	3.778	139.003
ARRONDISSEMENT	Fr. 841.263	Fr. 22.596	Fr. 863.859

RÉCAPITULATION.

Espèces chevaline et bovine	7.364.900 Fr.
— ovine et porcine	991.430
Produits : lait et laine.	863.859
Total	9.220.189 Fr.

IV.

LES INSTRUMENTS DE TRAVAIL.

A Aides ruraux.

B Machines et outils : 1° Instruments d'extérieur de ferme ; 2° Instruments d'intérieur de ferme.

C Évaluation en numéraire des machines et outils.

AUXILIAIRES.

A

Les aides ruraux des deux sexes.

CANTONS.		
Audun-le-Roman	356	1 aide pour 17 ha. 46
Briey	274	15 85
Chambley	213	19 17
Conflans	421	20 78
Longuyon	278	14 54
Longwy	219	15 26
ARRONDISSEMENT.	1.761	17 17

B

MACHINES ET OUTILS

1° Instruments d'extérieur de ferme.

MOISSONNEUSES.

CANTONS.	BURDICK.	CHAMPION.	ELSON.	HORNSBY.	JOHNSTON.	KIRBY.	OMNIUM.	OSBORN.	SAMUELSON	SPRAGUE.	WOOD.	SANS NOM. X.	TOTAUX.
Audun-le-Roman	1	»	»	»	6	1	2	»	5	»	»	4	19
Briey	1	»	»	»	»	»	»	»	»	»	»	3	4
Chambley	»	»	»	»	»	»	»	»	2	»	»	1	3
Conflans.	2	»	»	3	3	3	»	»	6	»	»	1	18
Longuyon.	3	»	»	»	1	1	»	»	12	»	1	10	28
Longwy	5	»	»	»	»	»	»	1	1	»	2	5	14
ARRONDISSEMENT.	12	»	»	3	10	5	2	1	26	»	3	24	86

FAUCHEUSES-MOISSONNEUSES.

CANTONS.	BOULLY.	BUCKEYE.	BURDICK.	HORNSBY.	JOHNSTON.	KIRBY.	SAMUELSON	SPRAGUE.	VOSGIENNE.	WOOD.	SANS NOM. X.	TOTAUX.
Audun-le-Roman . . .	»	»	»	»	1	»	»	»	»	1	»	2
Briey	»	»	»	»	»	»	»	»	»	»	»	»
Chambley	»	»	»	»	»	»	»	»	»	»	1	1
Conflans.	»	»	»	»	1	1	»	»	»	»	1	3
Longuyon	»	»	»	»	»	1	»	»	»	»	»	1
Longwy.	»	»	»	»	»	1	»	»	»	»	1	2
ARRONDISSEMENT.	»	»	»	»	2	3	»	»	»	1	3	9

FAUCHEUSES.

CANTONS.	BURDICK.	CUMMING.	HORNSBY.	JOHNSTON.	KIRBY.	PARAGON.	SAMUELSON.	SPRAGUE.	WALTER.	WOOD.	SANS NOM. X.	TOTAUX.
Audun-le-Roman. . .	»	»	»	»	»	»	»	1	1	1	1	4
Briey	»	»	1	»	»	»	»	»	»	»	»	1
Chambley.	»	»	»	»	»	»	»	»	»	»	»	»
Conflans	»	»	»	»	1	»	1	1	»	3	4	10
Longuyon	»	»	»	1	»	»	»	3	»	3	1	8
Longwy.	2	»	»	»	»	3	»	1	»	1	3	10
ARRONDISSEMENT.	2	»	1	1	1	3	1	6	1	8	9	33

FANEUSES. — RATEAUX A CHEVAL.

CANTONS.	FANEUSES.	RATEAUX A CHEVAL.
Audun-le-Roman.	1	16
Briey.	»	»
Conflans	»	2
Chambley	2	16
Longuyon	»	13
Longwy.	2	11
ARRONDISSEMENT.	5	58

BISOCS. — SEMOIRS.

CANTONS.	BISOCS.	SEMOIRS.
Audun-le-Roman.	»	2
Briey	3	»
Chambley	1	»
Conflans.	11	2
Longuyon	1	1
Longwy	2	11
ARRONDISSEMENT.	18	16

2° Instruments d'intérieur de ferme.

CANTONS.	TRIEURS.	TARARES.	HACHE-PAILLE.	COUPE-RACINES	CONCASSEURS.
Audun-le-Roman	»	1	1	3	1
Briey.	»	1	1	»	»
Chambley.	»	»	»	1	»
Conflans	1	»	3	9	»
Longuyon	1	»	1	2	1
Longwy.	»	»	»	»	»
ARRONDISSEMENT.	2	2	6	15	2

Nombre d'hectares en céréales répartis aux Moissonneuses et Faucheuses-Moissonneuses.

CANTONS.	POUR MACHINES.	HECTARES EN CÉRÉALES.	POUR MACHINE.	HECTARES EN CÉRÉALES.
		Ha.		Ha.
Audun-le-Roman	21	4.709 68	1	224 27
Briey	4	3.179 75	1	794 93
Chambley	4	3.132 85	1	783 21
Conflans	21	6.598 25	1	314 20
Longuyon	29	2.940 53	1	101 39
Longwy	16	2.392 70	1	149 54
ARRONDISSEMENT.	95	22.953 76	1	241 61

Nombre d'hectares en prairies naturelles et artificielles, répartis aux Faucheuses-Moissonneuses et Faucheuses.

CANTONS.	POUR MACHINES.	HECTARES EN PRAIRIES.	POUR MACHINE.	HECTARES EN PRAIRIES.
		Ha.		Ha.
Audun-le-Roman	6	1.257 08	1	209 51
Briey	1	930 95	1	930 95
Chambley	1	760 85	1	760 85
Conflans	13	1.730 62	1	133 12
Longuyon	9	959 14	1	106 57
Longwy	12	795 65	1	66 30
ARRONDISSEMENT.	42	6.434 29	1	153 19

C

Évaluation en numéraire des instruments et machines mentionnés.

Instruments d'extérieur de ferme.

CANTONS.	MOISSONNEUSES. 1000 fr.	FAUCHEUSES-MOISSONNEUSES. 1250 fr.	FAUCHEUSES. 800 fr.	FANEUSES. 450 fr.	RATEAUX A CHEVAL 290 fr.	BISOCS. 280 fr.	SEMOIRS. 700 fr.	TOTAUX.
	Fr.	Fr.	Fr.	Fr.	Fr.	Fr.	Fr.	Fr.
Audun-le-Roman. . . .	19.000	2.500	3.200	450	4.640	»	1.400	31.190
Briey.	4.000	»	800	»	»	840	»	5.640
Chambley.	3.000	1.250	»	»	580	280	»	5.110
Conflans	18.000	3.750	8.000	900	4.640	3.080	1.400	39.770
Longuyon	28.000	1.250	6.400	»	3.770	280	700	40.400
Longwy	14.000	2.500	8.000	900	3.190	560	7.700	36 850
	Fr.	Fr.	Fr.	Fr.	Fr.	Fr.	Fr.	Fr.
ARRONDISSEMENT.	86.000	11.250	26.400	2.250	16.820	5.040	11.200	158.960

Instruments d'intérieur de ferme.

CANTONS.	TRIEURS. 200 fr.	TARARES. 75 fr.	HACHE-PAILLE. 200 fr.	COUPE-RACINES. 90 fr.	CONCASSEURS. 120 fr.	TOTAUX.
	Fr.	Fr.	Fr.	Fr.	Fr.	Fr.
Audun-le-Roman.	»	75	200	270	120	665
Briey.	»	75	200	»	»	275
Chambley	»	»	»	90	»	90
Conflans.	200	»	600	810	»	1,610
Longuyon	200	»	200	180	120	700
Longwy..	»	»	»	»	»	»
	Fr.	Fr.	Fr.	Fr.	Fr.	Fr.
ARRONDISSEMENT.	400	150	1.200	1.350	240	3 340

V.

RÉCAPITULATION

DES ÉVALUATIONS EN NUMÉRAIRE

DU SOL, DES INSTRUMENTS,

DES ANIMAUX

ET

DES PRODUITS PRINCIPAUX.

ARRONDISSEMENT DE BRIEY

LES SIX CANTONS

RÉCAPITULATION

I.	Le sol	61.123.225 Fr.
II.	Les récoltes	11.376.209
III.	Les animaux et leurs produits	9.220.189
IV.	Les instruments	162.300
	Total	81.881.923 Fr.

Nancy. — Imprimerie E. Réau, rue Saint-Dizier, 51.

ARRONDISSEMENT DE LUNÉVILLE

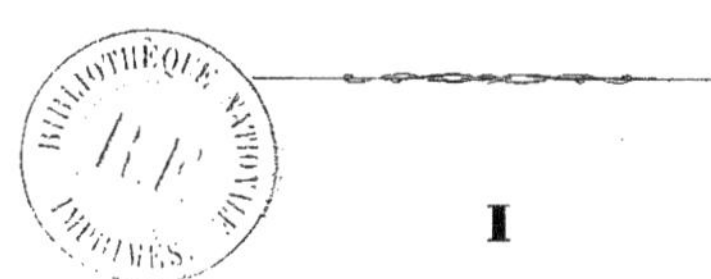

I

LE SOL

A Dénombrement des fermes.

B Nature du sol et répartition des diverses natures de sol.

C Répartition des terres cultivées et incultes.

D Amélioration et travail du sol.

E Valeur vénale du sol, son prix de location et sa rente.

F Évaluation en numéraire du sol des fermes.

ARRONDISSEMENT DE LUNÉVILLE.

LES HUIT CANTONS

I.

LE SOL.

A

Dénombrement des fermes au-dessus de 20 hectares et classement par contenance.

CANTONS.	20 à 29	30 à 39	40 à 49	50 à 59	60 à 79	80 à 99	100 à 149	150 à 200	200 à 300	TOTAUX.
Arracourt.	15	11	6	6	10	6	12	2	1	75
Baccarat.	31	13	7	1	0	0	0	0	0	52
Bayon.	25	29	20	6	13	5	10	3	1	112
Blâmont.	53	32	27	7	12	3	6	2	0	142
Cirey.	1	0	0	0	1	0	1	0	0	3
Gerbéviller. . . .	65	30	12	4	6	2	7	2	3	131
Lunéville-Nord.	33	32	24	15	11	6	6	1	0	128
Lunéville-Sud .	12	17	12	9	9	10	4	3	0	76
ARRONDISSEMENT.	235	164	108	48	68	32	46	13	5	719

B

Nature du sol occupé par les fermes.

CANTONS.	TERRE FORTE.	TERRE MOYENNE.	TERRE LÉGÈRE.	SUPERFICIE OCCUPÉE.
	Ha.	Ha.	Ha.	Ha.
Arracourt......	1.321 90	2.453 80	967 30	4.743 »
Baccarat.......	234 14	862 24	404 96	1.501 34
Bayon........	3.277 56	1.778 40	827 20	5.883 16
Blâmont.......	2.703 89	2.407 78	842 49	5.954 16
Cirey.........	3 »	135 50	59 50	198 »
Gerbéviller.....	3.143 48	1.705 »	965 71	5.814 19
Lunéville-Nord...	1.995 74	2.690 48	1.031 78	5.718 »
Lunéville-Sud ...	2.128 67	788 75	1.348 58	4.266 »
ARRONDISSEMENT.	Ha. 14.808 38	Ha. 12.821 95	Ha. 6.447 52	Ha. 34.077 85

Rapports en centièmes entre les diverses natures de terre.

CANTONS.	TERRE FORTE.	TERRE MOYENNE.	TERRE LÉGÈRE.	
Arracourt......	27 87	51 73	20 40	Pour 100 hectares.
Baccarat.......	15 59	54 43	29 98	
Bayon........	55 71	30 22	14 07	
Blâmont.......	45 41	40 43	14 16	
Cirey.........	15 15	68 43	16 42	
Gerbéviller.....	54 06	29 32	16 62	
Lunéville-Nord...	34 90	47 95	17 15	
Lunéville-Sud ...	49 89	18 49	31 62	
ARRONDISSEMENT.	36 82	42 62	20 56	

C

Surfaces occupées dans les fermes par les terres cultivées et incultes.

CANTONS.	SURFACE CULTIVÉE.	SURFACE EN JACHÈRE.	BATIMENTS, CHEMINS, ETC.	CONTENANCE TOTALE.
	Ha.	Ha.	Ha.	Ha.
Arracourt	3.917 32	667 70	157 98	4.743 »
Baccarat.	1.280 97	188 »	32 37	1.501 34
Bayon	5.050 25	650 69	182 22	5.883 16
Blâmont	5.075 83	783 89	94 44	5.954 16
Cirey.	175 40	16 »	6 60	198 »
Gerbéviller	4.853 81	619 »	341 38	5.814 19
Lunéville-Nord. . .	4.892 31	787 »	38 69	5.718 »
Lunéville-Sud . . .	3.622 44	621 35	22 21	4.266 »
	Ha.	Ha.	Ha.	Ha.
ARRONDISSEMENT.	28.868 33	4.333 63	875 89	34.077 85

Rapports en centièmes entre ces trois surfaces réunies.

CANTONS.	SURFACE CULTIVÉE.	SURFACE EN JACHÈRE.	CHEMINS, BATIMENTS, ETC.	CONTENANCE.
Arracourt	82 50	14 07	3 43	Pour 100 hectares.
Baccarat.	85 32	12 52	2 16	
Bayon	85 88	11 06	3 06	
Blâmont.	85 24	13 16	1 60	
Cirey.	88 58	8 08	3 34	
Gerbéviller	83 48	10 64	5 88	
Lunéville-Nord. . .	85 55	13 76	» 69	
Lunéville-Sud . . .	84 91	14 56	» 53	
	—	—	—	
ARRONDISSEMENT.	85 18	12 23	2 49	

D

Améliorations du sol et opérations.

CANTONS.	HECTARES DRAINÉS.	HECTARES IRRIGUÉS.
Arracourt	92 98	46 07
Baccarat	3 »	101 80
Bayon	62 90	110 31
Blâmont	21 10	109 40
Cirey	38 »	46 »
Gerbéviller	37 »	338 68
Lunéville-Nord	294 45	144 60
Lunéville-Sud	166 »	117 »
ARRONDISSEMENT.	715 43	1.013 86

Rapports en centièmes.

CANTONS.	ENTRE LES SURFACES DRAINÉES ET LE SOL CULTIVÉ.				ENTRE LES SURFACES IRRIGUÉES ET LES PRAIRIES NATURELLES.			
	La superficie du sol cultivé est à la partie drainée.				La surface des prairies nat. est à la partie irriguée.			
Arracourt	::	100	:	2 37	::	100	:	7 55
Baccarat	::	»	:	2 34	::	»	:	29 93
Bayon	::	»	:	1 24	::	»	:	13 28
Blâmont	::	»	:	0 41	::	»	:	8 86
Cirey	::	»	:	21 66	::	»	:	47 50
Gerbéviller	::	»	:	0 76	::	»	:	31 48
Lunéville-Nord	::	»	:	6 02	::	»	:	18 80
Lunéville-Sud	::	»	:	4 58	::	»	:	10 70
ARRONDISSEMENT.	::	100	:	4 92	::	100	:	21 »

Quantité d'hectares labourés par les fermiers pour les manœuvres.

Canton d'Arracourt	524 80
— Baccarat.	253 »
— Bayon	948 10
— Blâmont.	781 »
— Cirey.	11 35
— Gerbéviller	488 »
— Lunéville-Nord. .	890 50
— Lunéville-Sud. . .	571 35
ARRONDISSEMENT.	4.468 10

E

Valeur vénale de l'hectare.

TERRES. — CANTONS.	1re CLASSE.			2e CLASSE.			3e et 4e CLASSES.		
	PRIX			PRIX			PRIX		
	plus haut	plus bas.	MOYEN.	plus haut	plus bas.	MOYEN.	plus haut	plus bas.	MOYEN.
	Fr.	Fr.	Fr.	Fr.	Fr.	Fr.	Fr.	Fr.	Fr.
Arracourt.	2.000	2.000	2.000	1.800	1.200	1.504	1.000	800	933
Baccarat..	3.600	2.000	2.525	1.800	1.000	1.375	750	250	470
Bayon.	3.300	2.000	2.550	1.800	1.130	1.444	950	250	800
Blâmont	4.000	2.000	2.407	1.900	1.200	1.566	1.000	500	809
Cirey.	3,000	2.550	2.750	1.800	1.200	1.340	1.000	750	875
Gerbéviller. . . .	4.500	2.000	2.521	1.600	1.200	1.403	1.200	200	860
Lunéville-Nord. .	4.000	2.000	2.427	1.900	1.200	1.570	1.000	800	950
Lunéville-Sud. .	3.000	2.000	2.187	1.800	1.200	1.546	1.000	600	780
ARRONDISSEMENT.	Fr. 4.500	Fr. 2.000	Fr. 2.421	Fr. 1.900	Fr. 1.000	Fr. 1.468	Fr. 1.200	Fr. 200	Fr. 809

Valeur locative de l'hectare.

TERRES. — CANTONS.	1re Classe. PRIX			2e Classe. PRIX			3e et 4e Classes. PRIX		
	plus haut.	plus bas.	MOYEN.	plus haut.	plus bas.	MOYEN.	plus haut.	plus bas.	MOYEN.
	Fr.	Fr.	Fr.	Fr.	Fr.	Fr.	Fr.	Fr.	Fr.
Arracourt.	80	60	70	75	35	50	50	30	36
Baccarat.	100	40	76	65	40	50	25	10	18
Bayon.	90	45	70	65	32	47	45	20	35
Blâmont.	150	70	79	60	38	45	50	22	37
Cirey.	100	90	95	60	55	58	40	38	39
Gerbéviller. . . .	90	50	67	50	35	44	40	20	23
Lunéville-Nord. .	80	50	60	75	35	53	45	25	40
Lunéville-Sud. . .	75	60	65	60	30	52	50	25	38
ARRONDISSEMENT.	Fr. 150	Fr. 40	Fr. 73	Fr. 75	Fr. 30	Fr. 50	Fr. 50	Fr. 10	Fr. 33

Rente locative de l'hectare.

TERRES. — CANTONS.	1re Classe. — REVENU MOYEN.	2e Classe. — REVENU MOYEN.	3e et 4e Classes. — REVENU MOYEN.
	Fr.	Fr.	Fr.
Arracourt.	3 50	3 62	3 65
Baccarat.	3 01	3 63	3 82
Bayon	2 70	3 25	4 37
Blâmont.	3 28	3 »	4 57
Cirey	3 45	4 32	4 45
Gerbéviller	2 65	3 20	3 67
Lunéville-Nord	2 47	3 37	4 21
Lunéville-Sud	2 97	3 36	4 87
ARRONDISSEMENT.	Fr. 3 »	Fr. 3 47	Fr. 4 40

F

Évaluation moyenne de la valeur des terres constituant les fermes de 20 hectares et au-dessus.

CANTONS.	TERRES MOYENNES. — 1re CLASSE.	TERRES LÉGÈRES. — 2e CLASSE.	TERRES FORTES. — 3e et 4e CLASSES.	TOTAUX.
	Fr.	Fr.	Fr.	Fr.
Arracourt	4.907.600	1.454.821	1.233.334	7.595.755
Baccarat	2.177.156	556.820	110.045	2.844.021
Bayon	4.534.920	1.194.476	2.622.048	8.351.444
Blâmont	5.795.526	1.319.339	2.187.447	9.302.312
Cirey	372.625	79.730	2.625	454.980
Gerbéviller	4.298.305	1.354.891	2.703.392	8.356.588
Lunéville-Nord	6.529.794	1.619.894	1.895.953	10.045.641
Lunéville-Sud	1.724.996	2.084.904	1.660.362	5.470.262
ARRONDISSEMENT.	Fr. 30.340.922	Fr. 9.664.875	Fr. 12.415.206	Fr. 52.421.003

II

PRODUITS VÉGÉTAUX

LES RÉCOLTES

A Leur répartition.
B Leurs rendements et production.
C Leur répartition dans l'alimentation de l'homme et des animaux.
D Évaluation en numéraire de leurs produits.

A

Répartition des diverses cultures sur le sol des fermes.

CANTONS.	CÉRÉALES.	PRAIRIES NATURELLES.	PRAIRIES ARTIFICIELLES.	PLANTES SARCLÉES.	VIGNES, HOUBLONS.
	Ha.	Ha.	Ha.	Ha.	Ha.
Arracourt	2.789 91	609 88	411 83	83 09	22 61
Baccarat.	668 37	340 02	197 50	70 36	4 72
Bayon	3.146 44	830 40	737 20	261 76	74 45
Blâmont.	3.028 39	1.233 53	588 05	206 03	19 83
Cirey.	48 »	97 »	21 »	9 40	» »
Gerbéviller	2.877 06	1.075 55	625 40	232 94	42 86
Lunéville-Nord.	3.254 50	768 95	648 80	164 56	55 50
Lunéville-Sud.	1.988 45	1.092 80	246 05	266 82	28 32
	Ha.	Ha.	Ha.	Ha.	Ha.
ARRONDISSEMENT.	17.801 12	6.048 13	3.475 83	1.294 96	248 29

Rapports en centièmes entre la surface du sol cultivé et celle occupée par les diverses cultures (vignes et houblonnières exceptées).

CANTONS.	SURFACE.	CÉRÉALES	PRAIRIES NATURELLES.	PRAIRIES ARTIFICIELLES.	PLANTES SARCLÉES.
		Ha.	Ha.	Ha.	Ha.
Arracourt	100 hectares contiennent.	71 6	15 6	10 6	2 2
Baccarat.		53 3	26 6	15 4	4 7
Bayon		63 2	16 6	14 8	5 4
Blâmont.		50 8	24 3	11 6	4 3
Cirey.		27 4	55 3	11 9	5 4
Gerbéviller		59 8	22 3	13 0	4 9
Lunéville-Nord.		67 2	15 9	13 4	3 5
Lunéville-Sud.		55 3	30 4	6 4	7 9
		Ha.	Ha.	Ha.	Ha.
ARRONDISSEMENT.	100 hectares.	57 2	23 4	14 6	4 8

Rapports en centièmes entre diverses cultures.
Céréales et plantes sarclées. — Prairies naturelles et prairies artificielles.

SUR 100 HECTARES.

CANTONS.	CÉRÉALES.	PLANTES SARCLÉES.	PRAIRIES NATURELLES.	PRAIRIES ARTIFICIELLES.
Arracourt.	97 1	2 9	59 6	40 4
Baccarat.	90 4	9 6	63 2	36 8
Bayon.	92 3	7 7	52 9	47 1
Blâmont.	93 6	6 4	67 7	32 3
Cirey.	85 6	14 4	82 2	17 8
Gerbéviller. . . .	92 5	7 5	63 3	36 7
Lunéville-Nord. .	95 1	4 9	54 2	45 8
Lunéville-Sud. .	88 1	11 9	81 6	18 4
	—	—	—	—
ARRONDISSEMENT.	91 8	8 2	65 6	34 4

Répartition des diverses céréales sur le sol des fermes.

CANTONS.	BLÉ.	SEIGLE.	ORGE.	AVOINE.	TOTAUX.
	Ha.	Ha.	Ha.	Ha.	Ha.
Arracourt . . .	1.515 23	80 29	88 41	1.105 98	2.789 91
Baccarat.	328 05	41 14	5 50	293 68	668 37
Bayon	1.611 70	162 42	30 44	1.341 88	3.146 44
Blâmont.	1.670 60	65 82	30 50	1.261 47	3.028 39
Cirey.	19 82	4 70	» »	23 48	48 »
Gerbéviller . . .	1.535 88	204 64	28 26	1.108 28	2.877 06
Lunéville-Nord.	1.673 25	129 61	96 92	1.354 72	3.254 50
Lunéville-Sud. .	961 04	166 44	10 72	850 25	1.988 45
	Ha.	Ha.	Ha.	Ha.	Ha.
ARRONDISSEMENT.	9.315 57	855 06	290 75	7.339 74	17.801 12

Rapports en centièmes entre les diverses céréales.

CANTONS.		BLÉ.	SEIGLE.	ORGE.	AVOINE.
Arracourt	Pour 100 hectares.	Ha. 54 31	Ha. 2 87	Ha. 3 18	Ha. 39 64
Baccarat		49 08	6 15	0 87	43 90
Bayon		51 22	5 16	0 98	42 64
Blâmont		55 16	2 17	1 02	41 65
Cirey		41 29	9 79	» »	48 92
Gerbéviller		53 38	7 11	0 99	38 52
Lunéville-Nord		51 41	3 92	3 05	41 62
Lunéville-Sud		48 53	7 86	0 85	42 76
ARRONDISSEMENT.		Ha. 50 55	Ha. 5 63	Ha. 1 37	Ha. 42 45

Répartition des diverses plantes sarclées (betteraves, pommes de terre et autres).

CANTONS.	BETTERAVES.	POMMES DE TERRE.	DIVERSES : MAÏS, TOPINAMBOURS, COLZA.	TOTAUX.
Arracourt	Ha. 8 82	Ha. 72 77	Ha. 1 50	Ha. 83 09
Baccarat	7 85	62 51	» »	70 36
Bayon	55 16	202 42	4 18	261 76
Blâmont	53 65	142 63	9 75	206 03
Cirey	3 »	6 10	0 30	9 40
Gerbéviller	33 87	190 32	8 75	232 94
Lunéville-Nord	34 49	124 57	5 50	164 56
Lunéville-Sud	32 66	225 11	9 05	266 82
ARRONDISSEMENT.	Ha. 229 50	Ha. 1.026 43	Ha. 39 03	Ha. 1.294 96

Rapports en centièmes entre les diverses plantes sarclées.

CANTONS.		BETTERAVES.	POMMES DE TERRE.	DIVERSES.
		Ha.	Ha.	Ha.
Arracourt	Pour 100 hectares.	10 61	87 57	1 82
Baccarat		11 15	88 85	» »
Bayon		21 17	77 33	1 50
Blâmont		26 08	69 22	4 70
Cirey		31 91	64 39	3 20
Gerbéviller		14 50	81 70	3 80
Lunéville-Nord		20 75	75 69	3 36
Lunéville-Sud		12 24	84 36	3 40
		Ha.	Ha.	Ha.
ARRONDISSEMENT.	Pour 100 hectares.	18 55	78 73	2 72

B

Rendements des céréales par hectare exprimés en kilogrammes.

CANTONS.	BLÉ.			SEIGLE.			ORGE.			AVOINE.		
	Plus haut	Plus bas.	MOYEN.	Plus haut	Plus bas.	MOYEN.	Plus haut	Plus bas.	MOYEN.	Plus haut	Plus bas.	MOY[illegible]
			Kg.			Kg.			Kg.			
Arracourt	1.800	900	1.179	1.800	629	1.098	1.500	900	1.290	1,500	545	1.0[illegible]
Baccarat	1.840	900	1.173	1.800	1.000	1.340	1.000	800	878	1.300	750	8[illegible]
Bayon	1.900	800	1.235	1.400	695	1.032	1.700	690	1.128	1.600	650	9[illegible]
Blâmont	2.125	700	1.256	1.500	1.000	1.258	2.000	1.000	1.266	1.300	550	8[illegible]
Cirey	1.375	850	1.066	1.235	980	1.028	»	»	»	1.222	850	1.[illegible]
Gerbéviller	2.100	850	1.270	1.800	900	1.245	1.500	500	1.017	1.950	675	1[illegible]
Lunéville-Nord	1.300	950	1.174	1.250	1.000	1.208	1.500	900	1.206	1.000	750	[illegible]
Lunéville-Sud	2.000	836	1.240	1.800	1.000	1.158	1.140	1.000	1.140	1.800	725	[illegible]
			Kg.			Kg.			Kg.			
ARRONDISSEMENT.	2.125	800	1.199	1.800	629	1.171	1.700	500	990	1.800	545	[illegible]

Rendements moyens des céréales exprimés en hectolitres.

CANTONS.	BLÉ.	SEIGLE.	ORGE.	AVOINE.
Arracourt	15 51	15 25	21 50	21 85
Baccarat	15 43	18 61	14 63	18 68
Bayon	16 25	14 33	18 80	20 08
Blâmont	16 52	17 47	21 10	19 02
Cirey	14 02	14 27	»	21 78
Gerbéviller	16 71	17 29	16 95	23 14
Lunéville-Nord	15 44	16 77	20 10	19 78
Lunéville-Sud	16 31	16 08	19 »	19 29
	—	—	—	—
ARRONDISSEMENT.	15 77	16 26	18 87	20 45

Rendements des prairies naturelles et artificielles exprimés en kilogrammes.

POUR 1 HECTARE.

CANTONS.	PRAIRIES NATURELLES.			PRAIRIES ARTIFICIELLES.		
	Plus haut.	Plus bas.	RENDEMENT MOYEN.	Plus haut.	Plus bas.	RENDEMENT MOYEN.
Arracourt	5.550	1.250	3.605	6.800	1.200	4.747
Baccarat	6.000	2.500	3.645	6.125	2.000	3.926
Bayon	4.000	1.250	2.968	4.500	2.000	3.252
Blâmont	7.500	1.560	3.347	10.000	1.250	4.268
Cirey	4.800	2.500	3.366	11.666	5.866	8.766
Gerbéviller	7.500	1.250	4.013	10.000	2.500	4.768
Lunéville-Nord	6.000	1.500	3.144	7.500	2.000	4.738
Lunéville-Sud	3.500	780	2.069	4.000	1.500	2.810
	—	—	—	—	—	—
ARRONDISSEMENT.	7.500	780	3.270	11.666	1.200	4.660

Rendements des plantes sarclées exprimés en kilogrammes.

CANTONS.	BETTERAVES.			POMMES DE TERRE.		
	Plus haut.	Plus bas.	RENDEMENT MOYEN.	Plus haut.	Plus bas.	RENDEMENT MOYEN.
Arracourt	48.000	30.000	32.734	14.500	7.000	10,533
Baccarat	35.000	20.000	26 375	16.600	10.000	12.751
Bayon	50.000	20.000	31.311	17.500	7.200	11.460
Blâmont	50.000	22.500	33.900	18.000	6.000	13.514
Cirey	39.000	22.000	30.000	24.600	11.000	15.520
Gerbéviller	30.000	22.500	25.924	17.000	6.000	12.284
Lunéville-Nord	50.000	22.600	35.374	17.000	10.000	12.850
Lunéville-Sud	60.000	25.000	34.300	18.000	10.000	13.840
ARRONDISSEMENT.	60.000	20.000	31.240	24.600	6.000	12.844

Rapports en centièmes entre le rendement des prairies naturelles et celui des prairies artificielles.

CANTONS.	PRAIRIES NATURELLES.	PRAIRIES ARTIFICIELLES.
Arracourt	Qx. 43	Qx. 57
Baccarat	48	52
Bayon	47	53
Blâmont	43	57
Cirey	27	73
Gerbéviller	45	55
Lunéville-Nord	39	61
Lunéville-Sud	42	58
ARRONDISSEMENT.	Qx. 42	Qx. 58

Rapports en centièmes entre le rendement des betteraves et celui des pommes de terre.

CANTONS.	BETTERAVES.	POMMES DE TERRE.
Arracourt	Qx. 75	Qx. 25
Baccarat	67	33
Bayon	73	27
Blâmont	71	29
Cirey	65	35
Gerbéviller	67	33
Lunéville-Nord	73	27
Lunéville-Sud	71	29
ARRONDISSEMENT.	Qx. 70	Qx. 30

Production des récoltes, d'après leurs rendements moyens, exprimée en quintaux.

CÉRÉALES.

CANTONS.	BLÉ.	SEIGLE.	ORGE.	AVOINE.
Arracourt	17.864 56	881 58	1.140 81	11.358 41
Baccarat	3.848 02	551 94	48 29	2.610 81
Bayon	19.904 50	1.676 17	343 36	12.667 34
Blâmont	20.982 76	828 01	386 13	11.277 54
Cirey	211 28	48 31	» »	240 53
Gerbéviller	19.505 67	2.547 76	287 40	12.058 08
Lunéville-Nord	19.643 95	1.565 68	1.168 85	12.598 89
Lunéville-Sud	11.916 89	1.927 37	122 20	7.711 76
ARRONDISSEMENT.	113.877 63	10.026 82	3.497 04	70.523 36

Production des récoltes, d'après leurs rendements moyens, exprimée en hectolitres.

CÉRÉALES.

CANTONS.	BLÉ.	SEIGLE.	ORGE.	AVOINE.
Arracourt	23.501 21	1.224 42	1.900 81	24.165 66
Baccarat	5.061 81	766 54	80 46	5.485 94
Bayon	26.190 12	2.327 47	572 27	26.944 95
Blâmont	27.598 31	1.147 87	643 55	23.993 15
Cirey	277 87	67 06	» »	511 39
Gerbéviller	25.664 55	3.538 22	479 »	25.645 59
Lunéville-Nord	25.834 08	2.173 55	1.948 09	26.796 36
Lunéville-Sud	15.674 56	2.676 35	203 68	16.401 32
ARRONDISSEMENT.	149.803 41	13.921 48	5.827 86	149.944 36

Rapports en centièmes, de la production des diverses céréales, exprimés en quintaux métriques.

CANTONS.	PRODUCTION EN CENTIÈMES.	BLÉ.	SEIGLE.	ORGE.	AVOINE.
Arracourt	100	57 17	2 82	3 61	36 40
Baccarat		54 51	7 81	0 67	37 01
Bayon		57 53	4 84	0 99	36 64
Blâmont		62 68	2 47	1 15	33 70
Cirey		42 20	9 60	» »	48 20
Gerbéviller		56 70	7 43	0 83	35 04
Lunéville-Nord		56 16	4 47	3 34	36 03
Lunéville-Sud		54 97	8 88	0 56	35 59
	—	—	—	—	—
ARRONDISSEMENT.	100	55 22	6 04	1 60	37 14

Rapports en centièmes, de la production des diverses céréales, exprimés en hectolitres.

CANTONS.	PRODUCTION EN CENTIÈMES.	BLÉ.	SEIGLE.	ORGE.	AVOINE.
Arracourt	100	46 27	2 40	3 69	47 64
Baccarat		44 23	6 68	0 52	48 57
Bayon		46 71	4 14	1 01	48 14
Blâmont		51 69	2 15	1 16	45 »
Cirey		32 15	7 71	» »	60 14
Gerbéviller		46 30	6 41	0 83	46 37
Lunéville-Nord		45 48	3 81	3 50	47 21
Lunéville-Sud		44 83	7 64	0 57	46 96
	—	—	—	—	—
ARRONDISSEMENT.	100	44 72	5 12	1 61	48 55

Production des récoltes.

PRAIRIES NATURELLES ET ARTIFICIELLES.

CANTONS.	PRAIRIES NATURELLES.	PRAIRIES ARTIFICIELLES.
Arracourt	Qx. 21.986	Qx. 19.552
Baccarat	12.393	11.679
Bayon	24.646	23.973
Blâmont	44.634	25.097
Cirey	3.265	1.840
Gerbéviller	43.161	29.819
Lunéville-Nord	24.175	30.740
Lunéville-Sud	22.610	6.914
ARRONDISSEMENT.	Qx. 196.870	Qx. 149.614

Production des récoltes.

PLANTES SARCLÉES.

CANTONS.	BETTERAVES.	POMMES DE TERRE.
Arracourt	Qx. 2.887	Qx. 7.665
Baccarat	2.070	7.970
Bayon	17.271	23.197
Blâmont	18.187	19.275
Cirey	900	946
Gerbéviller	8.780	23.379
Lunéville-Nord	12.165	16.007
Lunéville-Sud	11.202	31.155
ARRONDISSEMENT.	Qx. 73.462	Qx. 129.594

C

Répartition par têtes d'habitants de la production du blé et du seigle.

CANTONS.	BLÉ	SEIGLE.
Arracourt	Pour 1 habitant Lit. 680 » par an.	Pour 1 habitant Lit. 25.50 par an.
Baccarat	24 96	2 72
Bayon	266 81	17 07
Blâmont	212 13	6 36
Cirey	4 08	» 71
Gerbéviller	273 78	27 17
Lunéville-Nord	196 37	11 90
Lunéville-Sud	101 88	12 52
ARRONDISSEMENT.	Lit. 220 »	Lit. 13 »

Répartition par têtes de chevaux de la production de l'avoine.

CANTONS.	AVOINE.			
		Lit.		Lit.
Arracourt	Pour 1 cheval par an	2.223 15	Par jour	6 09
Baccarat		1.810 54		4 96
Bayon		2.025 93		5 55
Blâmont		1.938 05		5 30
Cirey		2.223 43		6 09
Gerbéviller		2.401 27		6 57
Lunéville-Nord		1.781 67		4 88
Lunéville-Sud		1.974 68		3 41
		—		—
		Lit.		Lit.
ARRONDISSEMENT.		2.047 34		5 36

Répartition par têtes d'animaux des espèces chevaline et bovine de la production réunie des prairies naturelles et des prairies artificielles.

CANTONS.	PAR AN.	PAR JOUR.
	Qx.	Kos.
Arracourt	24 37	6 676
Baccarat	36 41	1 810
Bayon	21 03	5 761
Blâmont	29 74	8 147
Cirey	48 16	13 190
Gerbéviller	33 77	9 252
Lunéville-Nord	23 14	6 339
Lunéville-Sud	17 32	4 745
	—	—
	Qx.	Kos.
ARRONDISSEMENT	29 34	7 »

D

Évaluation en numéraire de la production des récoltes d'après le prix moyen des deux dernières années, 1876 et 1877.

CÉRÉALES.

CANTONS.	BLÉ 28f 50.	SEIGLE 19f 72.	ORGE 20f 10	AVOINE 21f 48.	TOTAUX.
Arracourt	509.138f	17.385f	22.930f	243.978f	793.431f
Baccarat	109.669	10.884	971	56.080	177.604
Bayon	567.278	33.054	6.901	272.094	879.327
Blâmont	591.712	16.328	7.761	242.241	858.042
Cirey	6.022	953	» »	5.166	12.141
Gerbéviller	555.909	50.242	5.777	259.006	870.934
Lunéville-Nord	559.851	30.875	23.494	270.622	884.842
Lunéville-Sud	339.629	38.007	2.456	165.648	545.740
ARRONDISSEMENT.	3.239.208	197.728	70.290	1.514.835	5.022.061

FOURRAGES.

CANTONS.	FOIN DE PRAIRIE, TRÈFLE, LUZERNE, ETC. 11f 79.
Arracourt	489.738
Baccarat	283.800
Bayon	573.218
Blâmont	822.128
Cirey	60.188
Gerbéviller	860.434
Lunéville-Nord	647.448
Lunéville-Sud	348.087
ARRONDISSEMENT.	4.085.050

PLANTES SARCLÉES.

CANTONS.	BETTERAVES, 2f LE QUINTAL.	POMMES DE TERRE, 5f LE QUINTAL.	TOTAUX.
	Fr.	Fr.	Fr.
Arracourt	5.774	38.325	44.099
Baccarat	4.140	39.850	43.990
Bayon	34.542	115.985	150.527
Blâmont	36.374	96.375	132.749
Cirey	1.800	4.730	6.530
Gerbéviller	17.560	116.895	134.455
Lunéville-Nord	24.330	80.035	104.365
Lunéville-Sud	22.404	155.775	178.179
ARRONDISSEMENT.	Fr. 146.924	Fr. 647.970	Fr. 794.894

RÉCAPITULATION.

Céréales	5.022.061 Fr.
Fourrages	4.085.050
Racines et tubercules	794.894
TOTAL	9.902.005 Fr.

III

LES ANIMAUX DE LA FERME

A Leur dénombrement et leur répartition par espèce.
B Leur répartition par genres.
C Leurs rapports avec le sol et les récoltes
D Leurs produits.
E Évaluation en numéraire des animaux et de leurs produits.

A

Dénombrement des animaux de la ferme.

CANTONS.	ANIMAUX DES ESPÈCES			
	CHEVALINE.	BOVINE.	OVINE.	PORCINE.
Arracourt	1.087	617	1.710	528
Baccarat	303	353	70	441
Bayon	1.330	981	3.920	615
Blâmont	1.238	1.106	1.108	1.201
Cirey	23	83	6	19
Gerbéviller	1.068	1.093	2.679	703
Lunéville-Nord	1.504	769	2.216	811
Lunéville-Sud	831	873	1.914	472
ARRONDISSEMENT	7.384	5.875	13.623	4.790

Dénombrement des têtes de bétail.

Un cheval = 1 — *un* bœuf = 1 — *dix* moutons = 1 — *cinq* porcs = 1.

CANTONS.	ANIMAUX DES ESPÈCES				
	CHEVALINE.	BOVINE.	OVINE.	PORCINE.	TOTAUX.
Arracourt	1.087	617	171 »	105 6	1.980 6
Baccarat	303	353	7 »	88 2	751 2
Bayon	1.330	981	392 »	123 »	2.826 »
Blâmont	1.238	1.106	110 8	240 2	2.695 »
Cirey	23	83	0 6	3 8	110 4
Gerbéviller	1.068	1.093	267 9	140 6	2.569 5
Lunéville-Nord	1.504	769	221 6	162 2	2.656 8
Lunéville-Sud	831	873	191 4	94 4	1.989 8
ARRONDISSEMENT.	7.384	5.875	1.362 3	958 »	15.579 3

Rapports en centièmes entre les espèces animales de la ferme.

CANTONS.	ESPÈCES :			
	CHEVALINE.	BOVINE.	OVINE.	PORCINE.
Arracourt	27	16	43	14
Baccarat	26	30	6	38
Bayon	19	14	57	10
Blâmont	26	24	24	26
Cirey	18	63	4	15
Gerbéviller	19	20	48	13
Lunéville-Nord	28	13	45	14
Lunéville-Sud	20	21	47	12
	—	—	—	—
ARRONDISSEMENT.	23	23	34	20

Rapports en centièmes entre les têtes de bétail.

CANTONS.	ESPÈCES :			
	CHEVALINE.	BOVINE.	OVINE.	PORCINE.
Arracourt	54	31	8	7
Baccarat	40	47	2	11
Bayon	47	35	13	5
Blâmont	46	41	4	9
Cirey	21	75	0 4	3 6
Gerbéviller	41	42	11	6
Lunéville-Nord	56	28	10	6
Lunéville-Sud	41	44	10	5
	—	—	—	—
ARRONDISSEMENT.	43	43	7 3	6 7

Rapports en centièmes entre les animaux des espèces chevaline et bovine.

CANTONS.	ANIMAUX.	ESPÈCE CHEVALINE.	ESPÈCE BOVINE.
Arracourt	100 têtes.	63 7	36 3
Baccarat.		46 »	54 »
Bayon.		57 5	42 5
Blâmont.		52 8	47 2
Cirey		21 6	73 4
Gerbéviller.		49 4	50 6
Lunéville-Nord		66 1	33 9
Lunéville-Sud		48 7	51 3
		—	—
ARRONDISSEMENT.		50 7	3

Rapports en centièmes entre les animaux des espèces ovine et porcine.

CANTONS.	ANIMAUX.	ESPÈCE OVINE.	ESPÈCE PORCINE.
Arracourt.	100 têtes.	76 4	23 6
Baccarat		13 7	86 3
Bayon.		86 4	13 6
Blâmont		47 9	52 1
Cirey		24 »	76 »
Gerbéviller.		79 2	20 8
Lunéville-Nord		73 2	26 8
Lunéville-Sud		80 2	19 8
		—	—
ARRONDISSEMENT.		60 »	40 »

B

Répartition des animaux.

ESPÈCE CHEVALINE.

CANTONS.	CHEVAUX.	JUMENTS.	POULAINS et POULICHES.	ÉTALONS.	TOTAUX.
Arracourt	270	438	365	14	1.087
Baccarat.	101	139	54	9	303
Bayon	384	589	301	56	1.330
Blâmont.	536	434	258	10	1.238
Cirey.	7	8	7	1	23
Gerbéviller	385	436	209	38	1.068
Lunéville-Nord. . .	431	597	423	53	1.504
Lunéville-Sud . . .	291	331	174	35	831
ARRONDISSEMENT.	2.405	2.972	1.791	216	7.384

ESPÈCE BOVINE.

CANTONS.	BOEUFS.	VACHES et GÉNISSES.	TAUREAUX.	TOTAUX.
Arracourt	10	587	20	617
Baccarat	68	264	21	353
Bayon.	131	784	66	981
Blâmont	97	965	44	1.106
Cirey	9	70	4	83
Gerbéviller.	242	814	37	1.093
Lunéville-Nord . . .	97	640	32	769
Lunéville-Sud. . . .	228	610	35	873
ARRONDISSEMENT.	882	4.734	259	5.875

Rapports en centièmes entre les animaux.

ESPÈCE CHEVALINE.

CANTONS.	CHEVAUX.	JUMENTS.	POULAINS ET POULICHES.	ÉTALONS.
Arracourt	25	40	33	2
Baccarat	33	46	18	7
Bayon	27	44	23	6
Blâmont	43	35	21	1
Cirey	32	35	32	1
Gerbéviller	36	41	20	3
Lunéville-Nord	29	39	28	3
Lunéville-Sud	35	40	28	4
	—	—	—	—
ARRONDISSEMENT.	32	40	25	3

ESPÈCE BÔVINE.

CANTONS.	BOEUFS.	VACHES ET GÉNISSES.	TAUREAUX.
Arracourt	2	95	3
Baccarat	19	74	7
Bayon	13	80	7
Blâmont	9	87	4
Cirey	11	84	5
Gerbéviller	22	74	4
Lunéville-Nord	13	83	4
Lunéville-Sud	26	69	5
	—	—	—
ARRONDISSEMENT.	15	80	5

C

Rapports en centièmes entre le nombre de têtes de bétail et le nombre d'hectares en culture.

CANTONS.	HECTARES EN CULTURE.	TÊTES DE BÉTAIL.	HECTARE.	TÊTE DE BÉTAIL.
Arracourt.	Pour 100 hectares.	50 têtes.	Pour 1 hectare.	1/2 tête.
Baccarat.		58		1/2 $\frac{8}{100}$
Bayon.		56		1/2 $\frac{6}{100}$
Blâmont.		53		1/2 $\frac{3}{100}$
Cirey.		63		3/5 $\frac{3}{100}$
Gerbéviller.		53		1/2 $\frac{3}{100}$
Lunéville-Nord.		54		1/2 $\frac{4}{100}$
Lunéville-Sud.		55		1/2 $\frac{5}{100}$
		—		—
ARRONDISSEMENT.	Pour 100 hectares.	55	Pour 1 hectare.	1/2 $\frac{5}{100}$

Rapports en centièmes entre le nombre de têtes de bétail herbivore et le nombre d'hectares en prairies naturelles et artificielles.

CANTONS.	HECTARES EN CULTURE.	TÊTES DE BÉTAIL.	HECTARE.	TÊTE DE BÉTAIL.
Arracourt.	Pour 100 hectares.	183 têtes.	Pour 1 hectare.	1 tête $\frac{4}{5}$
Baccarat.		123		1 $\frac{1}{5}$
Bayon.		172		1 $\frac{3}{4}$
Blâmont.		135		1 $\frac{1}{3}$
Cirey.		93		» $\frac{9}{10}$
Gerbéviller.		143		1 $\frac{2}{5}$
Lunéville-Nord.		176		1 $\frac{3}{4}$
Lunéville-Sud.		141		1 $\frac{2}{5}$
	—	—	—	—
ARRONDISSEMENT.	Pour 100 hectares.	146	Pour 1 hectare.	1 $\frac{1}{2}$

D

Produits des animaux de la ferme.

LE LAIT.

CANTONS.	PRODUCTION TOTALE.	CONVERTI EN BEURRE OU FROMAGE.	CONSOMMÉ SUR PLACE.	VENDU AU DEHORS.	PRIX DU LITRE.
	Lit.	Lit.	Lit.	Lit.	
Arracourt.	551.520	433.505	82.090	35.925	» 20
Baccarat.	310.090	238.664	30.540	40.886	» 20
Bayon	985.350	682.313	134.842	168.195	» 20
Blâmont.	922.460	576.522	144.971	200.967	» 20
Cirey.	63.080	8.120	24.830	30.130	» 20
Gerbéviller. . . .	726.800	474.423	103.182	149.195	» 20
Lunéville-Nord. .	796.657	61.613	475.900	259.144	» 20
Lunéville-Sud. . .	549.672	250 924	84.366	214.382	» 20
ARRONDISSEMENT.	4.905.629	2.726.084	1.080.721	1.098.824	» 20

Rapports en centièmes entre les divers emplois du lait.

CANTONS.	SUR QUANTITÉ PRODUITE.	QUANTITÉ CONVERTIE EN BEURRE OU FROMAGE.	CONSOMMÉ SUR PLACE.	VENDUE AU DEHORS
	Lit.	Lit.	Lit.	Lit.
Arracourt	100	78	16	6
Baccarat.		77	10	13
Bayon		60	14	17
Blâmont.		62	16	22
Cirey.		13	39	48
Gerbéviller		65	14	21
Lunéville-Nord.		58	26	16
Lunéville-Sud		46	15	39
	—	—	—	—
ARRONDISSEMENT.	Lit. 100	58	Lit. 20	Lit. 22

Quantité de lait fournie par jour par une vache, déduction faite des génisses,
Les deux cinquièmes du nombre et le temps de production estimé à 300 jours.

CANTONS	VACHES LAITIÈRES.	LAIT FOURNI PAR AN.	VACHE.	LAIT FOURNI PAR JOUR.
		Lit.		Lit.
Arracourt	352	551.520	1	4 54
Baccarat	159	310.090		6 50
Bayon	571	985.350		5 75
Blâmont	579	922.460		5 31
Cirey	42	63.080		5 »
Gerbéviller	489	726.800		5 95
Lunéville-Nord	384	796 657		6 90
Lunéville-Sud	366	549.672		5 »
ARRONDISSEMENT.	2.942	Lit. 4.905.629	1	5 62

Répartition de la production annuelle du lait par tête d'habitants.

CANTONS.	POUR UN HABITANT.
Arracourt	Par an. Lit. 159 58
Baccarat	15 39
Bayon	100 38
Blâmont	70 90
Cirey	9 27
Gerbéviller	77 53
Lunéville-Nord	60 55
Lunéville-Sud	35 73
ARRONDISSEMENT.	72 17

LA LAINE

Rendements moyens annuels

Estimés pour moutons de races et du pays réunis, à 2 kilog. 750.

CANTONS.	Kil.	Gr.
Arracourt	4.702	500
Baccarat	192	500
Bayon	10.780	»
Blâmont	3.047	»
Cirey	16	500
Gerbéviller	7.367	250
Lunéville-Nord	6.094	»
Lunéville-Sud	5.263	500
ARRONDISSEMENT.	37.463	250

E

Évaluation en numéraire des animaux et de leurs produits.

CANTONS.	ESPÈCE CHEVALINE.	ESPÈCE BOVINE.	TOTAUX.
Arracourt	597.850f	309.300f	907.150f
Baccarat	166.650	176.500	343.150
Bayon	731.500	490.500	1.222.000
Blâmont	680.900	553.000	1.233.900
Cirey	12.650	41.500	54.150
Gerbéviller	587.400	546 500	1.133.900
Lunéville-Nord	827.200	384.500	1.211.700
Lunéville-Sud	457.050	436.500	893.550
ARRONDISSEMENT.	4.061.200f	2.938.300f	6 999.500f

CANTONS.	ESPÈCE OVINE.	ESPÈCE PORCINE.	TOTAUX.
Arracourt	59.850f	79.200f	139.050f
Baccarat	2.450	66.150	68.600
Bayon	137.200	92.250	229.450
Blâmont	38.780	180.150	218.930
Cirey	210	2.850	3.060
Gerbéviller	93.765	105 450	199.215
Lunéville-Nord	77.560	121.650	199.210
Lunéville-Sud	66.990	70.800	137.790
ARRONDISSEMENT.	476.805f	718.500f	1.195.305f

CANTONS.	LAIT, 0 FR. 20 LITRE.	LAINE, 1 FR. 75 KILOG.	TOTAUX.
Arracourt	Fr. 110.304	Fr. 8.229	Fr. 118.533
Baccarat	62.018	336	62.354
Bayon	197.070	18.865	215.935
Blâmont	184.492	5.962	190.454
Cirey	12.616	28	12.644
Gerbéviller	145.360	12.892	158.252
Lunéville-Nord	159.331	10.664	169.995
Lunéville-Sud	99.341	9.211	108.552
ARRONDISSEMENT.	Fr. 970.532	Fr. 66.190	Fr. 1.036.722

RÉCAPITULATION.

Espèces chevaline et bovine	6.999.500 Fr.
— ovine et porcine	1.195.305
Produits : lait et laine	1.036.722
Total	9.231.527 Fr.

IV.

LES INSTRUMENTS DE TRAVAIL.

A Aides ruraux.

B Machines et outils : 1° Instruments d'extérieur de ferme ; 2° Instruments d'intérieur de ferme.

C Évaluation en numéraire des machines et outils.

AUXILIAIRES.

A

Les aides ruraux des deux sexes.

CANTONS.		
Arracourt	227	1 aide pour 17 Ha. 25
Baccarat	60	21 34
Bayon	300	16 83
Blâmont	289	17 56
Cirey	23	7 62
Gerbéviller	230	21 10
Lunéville-Nord	275	17 79
Lunéville-Sud	205	17 67
ARRONDISSEMENT.	1.609	17 14

D

MACHINES ET OUTILS

1° Instruments d'extérieur de ferme.

MOISSONNEUSES.

CANTONS.	BURDICK.	CHAMPION.	ELSON.	HORNSBY.	JOHNSTON.	KIRBY.	OMNIUM.	OSBORN.	SAMUELSON	SPRAGUE.	WOOD.	SANS NOM. X.	TOTAUX.
Arracourt	2	»	»	12	»	1	1	»	10	2	2	3	33
Baccarat	»	»	»	»	»	»	»	»	»	1	»	»	1
Bayon	»	»	»	27	»	»	»	»	2	»	1	7	37
Blâmont	»	»	»	4	»	»	»	»	4	2	»	4	14
Cirey	»	»	»	4	»	»	»	»	»	»	»	»	4
Gerbéviller	»	»	»	5	»	1	»	»	6	»	»	3	15
Lunéville-Nord	»	»	»	7	»	»	»	»	2	2	»	3	14
Lunéville-Sud	»	»	»	10	»	»	»	»	3	1	»	1	15
ARRONDISSEMENT.	2	»	»	69	»	2	1	»	27	8	3	21	133

FAUCHEUSES-MOISSONNEUSES.

CANTONS.	BOULLY.	BUCKEYE.	BURDICK.	HORNSBY.	JOHNSTON.	KIRBY.	SAMUELSON	SPRAGUE.	VOSGIENNE.	WOOD.	SANS NOM. X.	TOTAUX.
Arracourt	»	»	»	»	»	2	1	»	»	1	»	4
Baccarat	»	»	»	»	»	»	»	2	»	»	»	2
Bayon	»	»	»	2	»	2	»	1	»	1	1	7
Blâmont	»	»	»	1	1	»	»	5	1	»	1	9
Cirey	»	»	»	2	»	»	»	»	»	»	»	2
Gerbéviller	»	»	»	1	»	»	»	5	»	2	»	8
Lunéville-Nord	»	»	»	»	»	»	2	1	»	»	1	4
Lunéville-Sud	»	»	»	1	»	»	»	1	»	»	»	2
ARRONDISSEMENT.	»	»	»	7	1	4	3	15	1	4	3	38

FAUCHEUSES.

CANTONS.	BURDICK.	CUMMING.	HORNSBY.	JOHNSTON.	KIRBY.	PARAGON.	SAMUELSON	SPRAGUE.	WALTER.	WOOD.	SANS NOM. X.	TOTAUX.
Arracourt.	»	»	»	»	»	»	»	1	»	»	»	1
Baccarat.	»	»	»	»	»	»	»	1	»	»	»	1
Bayon.	»	»	1	»	»	»	»	»	»	2	1	4
Blâmont.	»	»	»	»	»	»	»	2	»	»	3	5
Cirey.	»	»	»	»	»	»	»	»	»	»	»	»
Gerbéviller.	»	»	»	»	»	1	»	»	»	»	»	1
Lunéville-Nord. . . .	»	»	»	»	»	»	»	»	»	»	2	2
Lunéville-Sud.	»	»	»	»	»	»	»	6	»	1	2	9
ARRONDISSEMENT.	»	»	1	»	»	1	»	10	»	3	8	23

FANEUSES. — RATEAUX A CHEVAL.

CANTONS.	FANEUSES.	RATEAUX A CHEVAL.
Arracourt.	»	25
Baccarat	1	5
Bayon.	4	30
Blâmont	3	10
Cirey	1	4
Gerbéviller.	4	19
Lunéville-Nord	»	20
Lunéville-Sud	7	15
ARRONDISSEMENT.	20	128

BISOCS. — SEMOIRS.

CANTONS.	BISOCS.	SEMOIRS.
Arracourt	4	»
Baccarat	3	»
Bayon.	6	»
Blâmont	»	»
Cirey.	2	1
Gerbéviller.	8	1
Lunéville-Nord	5	2
Lunéville-Sud.	11	2
ARRONDISSEMENT.	39	6

2° Instruments d'intérieur de ferme.

CANTONS.	TRIEURS.	TARARES.	HACHE-PAILLE.	COUPE-RACINES	CONCASSEURS.
Arracourt	6	»	5	6	»
Baccarat.	»	»	»	1	2
Bayon	4	»	4	6	2
Blâmont	»	»	1	4	2
Cirey	»	»	1	2	1
Gerbéviller	»	»	4	4	3
Lunéville-Nord.	1	»	5	10	5
Lunéville-Sud.	»	»	5	4	4
ARRONDISSEMENT.	11	»	25	37	19

Nombre d'hectares en céréales répartis aux Moissonneuses et Faucheuses-Moissonneuses.

CANTONS.	POUR MACHINE.	HECTARES EN CÉRÉALES.	POUR MACHINE.	HECTARES EN CÉRÉALES.
		Ha.		Ha.
Arracourt	37	2.789 91	1	75 40
Baccarat	3	668 37	1	222 79
Bayon	44	3.146 44	1	71 51
Blâmont	23	3.028 16	1	131 65
Cirey	6	48 »	1	8 »
Gerbéviller	23	2.877 06	1	125 08
Lunéville-Nord	18	3.254 50	1	180 80
Lunéville-Sud	17	1.988 45	1	116 96
ARRONDISSEMENT.	171	17.800 89	1	104 09

Nombre d'hectares en prairies naturelles et artificielles, répartis aux Faucheuses-Moissonneuses et Faucheuses.

CANTONS.	POUR MACHINES.	HECTARES EN PRAIRIES.	POUR MACHINE.	HECTARES EN PRAIRIES.
		Ha.		Ha.
Arracourt	5	1.021 71	1	204 34
Baccarat	3	537 52	1	179 17
Bayon	11	1.567 60	1	142 50
Blâmont	14	1.821 58	1	130 11
Cirey	2	118 »	1	59 »
Gerbéviller	9	1.700 95	1	188 99
Lunéville-Nord	6	1.417 75	1	236 29
Lunéville-Sud	11	1 338 85	1	121 71
ARRONDISSEMENT.	61	9.523 96	1	156 13

C

Évaluation en numéraire des instruments et machines mentionnés.

Instruments d'extérieur de ferme.

CANTONS.	MOISSONNEUSES. 1000 fr.	FAUCHEUSES-MOISSONNEUSES. 1250 fr.	FAUCHEUSES. 750 fr.	FANEUSES. 450 fr.	RATEAUX A CHEVAL 290 fr.	BISOCS. 280 fr.	SEMOIRS. 700 fr.	TOTAUX.
Arracourt.	33.000f	5.000f	750f	»f	7.250f	1.120f	»f	47.120f
Baccarat.	1.000	2.500	750	450	1.450	840	»	6.990
Bayon.	37.000	8.750	3.000	1.800	8.700	1.680	»	60.930
Blâmont.	14.000	11.250	3.750	1.350	2.900	»	»	33.250
Cirey.	4.000	2.500	»	450	1.160	560	700	9.370
Gerbéviller.	15.000	10.000	750	1.800	5.510	2.240	700	36.000
Lunéville-Nord.	14.000	5.000	1.500	»	5.800	1.400	1.400	29.100
Lunéville-Sud.	15.000	2.500	6.750	3.150	4.350	3.080	1.400	36.230
ARRONDISSEMENT.	133.000f	47.500f	17.250f	9.000f	37.120f	10.920f	4.200f	258.990f

Instruments d'intérieur de ferme.

CANTONS.	TRIEURS. 200 fr.	TARARES. 75 fr.	HACHE-PAILLE. 200 fr.	COUPES-RACINES. 90 fr.	CONCASSEURS. 120 fr.	TOTAUX.
Arracourt	1.200f	»	1.000f	540f	»f	2.740f
Baccarat	»	»	»	90	240	330
Bayon	800	»	800	540	240	2.380
Blâmont	»	»	200	360	240	800
Cirey	»	»	200	180	120	500
Gerbéviller	»	»	800	360	360	1.520
Lunéville-Nord	200	»	1.000	900	600	2.700
Lunéville-Sud	»	»	1.000	360	480	1.840
ARRONDISSEMENT.	2.200f	»	5.000f	3.330f	2.280f	12.810f

V.

RÉCAPITULATION

DES ÉVALUATIONS EN NUMÉRAIRE

DU SOL, DES INSTRUMENTS,

DES ANIMAUX

ET

DES PRODUITS PRINCIPAUX.

ARRONDISSEMENT DE LUNÉVILLE

LES HUIT CANTONS

RÉCAPITULATION.

I.	Le sol	52.421.003 Fr.
II.	Les récoltes	9.902.005
III.	Les animaux et leurs principaux produits	9.231.527
IV.	Les instruments	272.950
	Total	71.827.485 Fr.

RECTIFICATIONS.

Aux colonnes 4 et 9 : Faucheuses et Totaux, de la page 48.

Faucheuses. 800 fr.	Totaux.
800	47.170
800	7.040
3.200	61.130
4.000	33.500
	9.370
800	36.050
1.600	29 200
7.200	36.680
18.400	260.140

Nancy. — Imprimerie E. Réau, rue Saint-Dizier, 51.

ARRONDISSEMENT DE NANCY

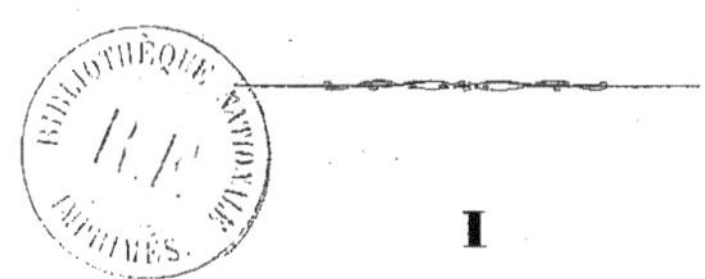

I

LE SOL

A Dénombrement des fermes.
B Nature du sol et répartition des diverses natures de sol.
C Répartition des terres cultivées et incultes.
D Amélioration et travail du sol.
E Valeur vénale du sol, son prix de location et sa rente.
F Évaluation en numéraire du sol des fermes.

ARRONDISSEMENT DE NANCY.

LES HUIT CANTONS

I.

LE SOL.

A

Dénombrement des fermes au-dessus de 20 hectares et classement par contenance.

CANTONS.	20 à 29	30 à 39	40 à 49	50 à 59	60 à 79	80 à 99	100 à 149	150 à 199	200 à 300	TOTAUX.
Haroué.	34	37	24	18	25	7	11	1	1	158
Nancy-Est. . . .	27	11	14	8	24	12	18	4	2	120
Nancy-Nord. . .	4	4	0	0	0	0	2	0	1	11
Nancy-Ouest. .	5	2	2	2	2	1	7	0	0	21
Nomeny.	11	15	15	13	24	13	19	7	3	120
Pont-à-Mousson	17	25	13	12	28	12	11	6	1	125
Saint-Nicolas. .	19	19	22	13	30	17	21	8	3	152
Vézelise.	49	50	31	27	22	9	8	0	0	196
ARRONDISSEMENT.	166	163	121	93	155	71	97	26	11	903

B

Nature du sol occupé par les fermes.

CANTONS.	TERRE FORTE.	TERRE MOYENNE.	TERRE LÉGÈRE.	SUPERFICIE OCCUPÉE.
	Ha.	Ha.	Ha.	Ha.
Haroué.	2.783 25	3.818 50	1.347 25	7.949 »
Nancy-Est.	2.644 65	3.172 70	1.980 65	7.798 »
Nancy-Nord. . . .	80 »	415 »	389 »	884 »
Nancy-Ouest. . . .	393 46	675 67	479 44	1.548 57
Nomeny.	3.042 88	4.435 63	1.362 49	8.841 »
Pont-à-Mousson. . .	2.092 »	3.248 25	2.543 75	7.884 »
Saint-Nicolas. . . .	4.067 »	4.728 25	2.259 75	11.055 »
Vézelise.	2.977 30	4.716 30	1.464 02	9.157 62
ARRONDISSEMENT.	Ha. 18.080 54	Ha. 25.210 30	Ha. 11.826 35	Ha. 55.117 19

Rapports en centièmes entre les diverses natures de terre.

CANTONS.	TERRE FORTE.	TERRE MOYENNE.	TERRE LÉGÈRE.	
Haroué.	35	48	17	Pour 100 hectares.
Nancy-Est.	34	40	26	
Nancy-Nord	9	47	44	
Nancy-Ouest	25	44	31	
Nomeny.	35	50	15	
Pont-à-Mousson. .	27	41	32	
Saint-Nicolas. . . .	37	43	20	
Vézelise.	32	52	16	
	—	—	—	
ARRONDISSEMENT.	29	46	25	

C

Surfaces occupées dans les fermes par les terres cultivées et incultes.

CANTONS.	SURFACE CULTIVÉE.	SURFACE EN JACHÈRE.	BATIMENTS, CHEMINS, ETC.	CONTENANCE TOTALE.
	Ha.	Ha.	Ha.	Ha.
Haroué.	6.544 31	951 30	453 39	7.949 »
Nancy-Est.	6.317 27	360 80	1.119 93	7.798 »
Nancy-Nord.	737 »	58 50	88 50	884 »
Nancy-Ouest. . . .	1.463 40	52 90	32 27	1.548 57
Nomeny.	7.224 37	887 40	729 23	8.841 »
Pont-à-Mousson. .	6.685 89	1.027 45	170 66	7.884 »
Saint-Nicolas. . . .	9.395 36	964 »	695 64	11.055 »
Vézelise.	7.561 37	1.320 62	273 63	9.157 62
	Ha.	Ha.	Ha.	Ha.
ARRONDISSEMENT.	45.928 97	5.624 97	3.563 25	55.117 19

Rapports en centièmes entre ces trois surfaces réunies.

CANTONS.	SURFACE CULTIVÉE.	SURFACE EN JACHÈRE.	CHEMINS, BATIMENTS, ETC.	CONTENANCE.
Haroué.	82 32	11 96	5 72	Pour 100 hectares.
Nancy-Est.	81 01	4 62	14 37	
Nancy-Nord.	83 37	6 61	10 02	
Nancy-Ouest. . . .	94 53	3 41	2 06	
Nomeny.	81 71	10 03	8 26	
Pont-à-Mousson. .	84 80	13 03	2 17	
Saint-Nicolas. . . .	84 98	8 72	6 30	
Vézelise.	82 57	14 42	3 01	
	—	—	—	
ARRONDISSEMENT.	84 41	10 35	5 24	

D

Améliorations du sol et opérations.

CANTONS.	HECTARES DRAINÉS.	HECTARES IRRIGUÉS.
Haroué.	194 99	117 12
Nancy-Est.	213 70	148 50
Nancy-Nord.	6 »	50 50
Nancy-Ouest.	86 60	50 »
Nomeny.	236 »	329 57
Pont-à-Mousson.	442 70	136 »
Saint-Nicolas.	482 15	238 25
Vézelise.	100 »	217 25
ARRONDISSEMENT.	1.732 14	1.287 19

Rapports en centièmes.

CANTONS.	ENTRE LES SURFACES DRAINÉES ET LE SOL CULTIVÉ.				ENTRE LES SURFACES IRRIGUÉES ET LES PRAIRIES NATURELLES.			
	La superficie du sol cultivé est à la partie drainée.				La surface des prairies nat. est à la partie irriguée.			
Haroué.	::	100	:	2 97	::	100	:	10 44
Nancy-Est.	::	»	:	3 38	::	»	:	11 97
Nancy-Nord.	::	»	:	0 77	::	»	:	40 30
Nancy-Ouest.	::	»	:	5 91	::	»	:	16 99
Nomeny.	::	»	:	3 26	::	»	:	27 97
Pont-à-Mousson.	::	»	:	6 17	::	»	:	11 04
Saint-Nicolas.	::	»	:	5 13	::	»	:	14 90
Vézelise.	::	»	:	1 32	::	»	:	20 48
ARRONDISSEMENT.	::	100	:	3 61	::	100	:	20 39

Quantité d'hectares labourés par les fermiers pour les manœuvres.

Canton d'Haroué.	904 75
— Nancy-Est.	669 60
— Nancy-Nord. . . .	21 »
— Nancy-Ouest. . .	113 »
— Nomeny.	1.153 90
— Pont-à-Mousson. .	852 05
— Saint-Nicolas. . .	1.204 90
— Vézelise.	1.183 35
ARRONDISSEMENT.	6.102 55

E

Valeur vénale de l'hectare.

TERRES. — CANTONS.	1re CLASSE. PRIX plus haut	1re CLASSE. PRIX plus bas.	1re CLASSE. MOYEN.	2e CLASSE. PRIX plus haut	2e CLASSE. PRIX plus bas.	2e CLASSE. MOYEN.	3e et 4e CLASSES. PRIX plus haut	3e et 4e CLASSES. PRIX plus bas.	3e et 4e CLASSES. MOYEN.
Haroué.	Fr. 5.000	Fr. 2.000	Fr. 2.567	Fr. 1.900	Fr. 1.000	Fr. 1.439	Fr. 900	Fr. 750	Fr. 825
Nancy-Est. . . .	3.600	2.000	2.446	1.800	1.500	1.683	750	500	617
Nancy-Nord. . .	6.000	4.000	4.750	3.000	2.500	2.833	1.800	1.200	1.400
Nancy-Ouest. . .	4.000	3.000	3.350	2.500	2.000	2.125	1.800	1.000	1.440
Nomeny.	3.500	2.600	2.973	2.500	2.000	2.139	1.800	1.200	1.600
Pont-à-Mousson .	4.000	2.000	2.707	1.800	1.000	1.517	800	500	625
Saint-Nicolas. . .	5.000	2.300	3 271	2.100	1.500	1.938	1.500	750	1.310
Vézelise.	5.000	2.500	2.908	2.200	1.300	1.855	1.300	300	820
ARRONDISSEMENT	Fr. 6.000	Fr. 2.000	Fr. 3.121	Fr. 3.000	Fr. 1.000	Fr. 1.944	Fr. 1.800	Fr. 300	Fr. 1 080

Valeur locative de l'hectare.

TERRES. — CANTONS.	1re Classe. PRIX			2e Classe. PRIX			3e et 4e Classes. PRIX		
	plus haut.	plus bas.	MOYEN.	plus haut.	plus bas.	MOYEN.	plus haut.	plus bas.	MOYEN.
	Fr.	Fr.	Fr.	Fr.	Fr.	Fr.	Fr.	Fr.	Fr.
Haroué.	100	45	65	65	35	50	30	25	27
Nancy-Est.	80	60	68	65	50	60	62	45	50
Nancy-Nord. . . .	150	100	122	100	90	93	60	50	56
Nancy-Ouest . .	120	75	99	62	60	61	60	30	50
Nomeny.	100	60	78	85	60	75	70	50	54
Pont-à-Mousson .	150	55	76	60	30	50	25	16	21
Saint-Nicolas. . .	100	65	72	65	50	54	50	25	40
Vézelise.	170	58	79	60	48	55	50	20	31
ARRONDISSEMENT.	170 Fr.	55 Fr.	82 Fr.	100 Fr.	30 Fr.	63 Fr.	70 Fr.	16 Fr.	40 Fr.

Rente locative de l'hectare.

TERRES. — CANTONS.	1re Classe. — REVENU MOYEN.	2e Classe. — REVENU MOYEN.	3e et 4e Classes — REVENU MOYEN.
	Fr.	Fr.	Fr.
Haroué.	2 53	3 47	3 87
Nancy-Est.	2 78	3 65	8 10
Nâncy-Nord.	2 65	3 32	4 »
Nancy-Ouest.	2 95	2 87	3 47
Nomeny.	2 62	3 50	4 »
Pont-à-Mousson.	2 80	3 29	3 36
Saint-Nicolas.	2 20	2 78	3 05
Vézelise.	2 91	2 96	3 78
ARRONDISSEMENT.	2 68 Fr.	3 23 Fr.	4 20 Fr.

F

Évaluation moyenne de la valeur des terres constituant les fermes de 20 hectares et au-dessus.

CANTONS.	TERRES MOYENNES. — 1re CLASSE.	TERRES LÉGÈRES. — 2e CLASSE.	TERRES FORTES. — 3e et 4e CLASSES.	TOTAUX.
	Fr.	Fr.	Fr.	Fr.
Haroué	9.802.089	1.938.692	2.296.181	14.036.962
Nancy-Est	7.760.424	3.334.339	1.631.749	12.726.512
Nancy-Nord	1.971.250	1.102.038	112.000	3.185.288
Nancy-Ouest	2.263.494	1.018.810	566.582	3.848.886
Nomeny	13.187.128	2.914.366	4.868.608	20.970.102
Pont-à-Mousson	8.793.013	3.858.868	1.307.500	13.959.381
Saint-Nicolas	15.466.106	4.368.096	5.327.770	25.161.972
Vézelise	13.717.908	2.715.757	2.441.386	18.875.051
	Fr.	Fr.	Fr.	Fr.
ARRONDISSEMENT.	72.961.442	21.250.966	18.551.776	112.764.154

II

PRODUITS VÉGÉTAUX

LES RÉCOLTES

A Leur répartition.
B Leurs rendements et production.
C Leur répartition dans l'alimentation de l'homme et des animaux.
D Évaluation en numéraire de leurs produits.

A

Répartition des diverses cultures sur le sol des fermes.

CANTONS.	CÉRÉALES.	PRAIRIES NATURELLES.	PRAIRIES ARTIFICIELLES.	PLANTES SARCLÉES.	VIGNES, HOUBLONS.
	Ha.	Ha.	Ha.	Ha.	Ha.
Haroué	4.367 39	1.121 39	719 73	239 20	93 60
Nancy-Est	3.862 15	1.240 35	830 90	332 29	51 58
Nancy-Nord	405 10	125 »	142 »	59 50	5 40
Nancy-Ouest	840 60	294 50	175 80	139 70	12 80
Nomeny	4.673 35	1.268 62	828 40	419 05	34 95
Pont-à-Mousson	4.071 90	1.230 45	828 45	450 50	104 19
Saint-Nicolas	6.025 81	1.591 10	1.247 58	444 81	86 06
Vézelise	4.927 30	1.393 75	775 18	392 92	74 22
	Ha.	Ha.	Ha.	Ha.	Ha.
ARRONDISSEMENT.	29.173 60	8.265 16	5.548 04	2.477 97	462 80

Rapports en centièmes entre la surface du sol cultivé et celle occupée par les diverses cultures (vignes et houblonnières exceptées).

CANTONS.	SURFACE.	CÉRÉALES	PRAIRIES NATURELLES.	PRAIRIES ARTIFICIELLES.	PLANTES SARCLÉES.
		Ha.	Ha.	Ha.	Ha.
Haroué	100 hectares contiennent.	66 73	17 13	10 99	5 15
Nancy-Est		61 13	19 63	13 15	6 09
Nancy-Nord		54 96	16 96	19 26	8 82
Nancy-Ouest		57 44	20 12	12 01	10 43
Nomeny		64 68	17 56	11 46	6 30
Pont-à-Mousson		60 90	18 40	12 40	8 30
Saint-Nicolas		64 13	16 93	13 27	5 67
Vézelise		65 16	18 43	10 25	6 16
		Ha.	Ha.	Ha.	Ha.
ARRONDISSEMENT.	100 hectares.	61 89	18 14	12 85	7 12

Rapports en centièmes entre diverses cultures : Céréales et plantes sarclées. — Prairies naturelles et prairies artificielles.

SUR 100 HECTARES.

CANTONS.	CÉRÉALES.	PLANTES SARCLÉES.	PRAIRIES NATURELLES.	PRAIRIES ARTIFICIELLES.
Haroué.	94 81	5 19	60 91	39 09
Nancy-Est.	92 08	7 92	59 89	40 11
Nancy-Nord. . .	87 20	12 80	46 82	53 18
Nancy-Ouest. . .	85 75	14 25	62 62	37 38
Nomeny.	91 78	8 22	60 50	39 50
Pont-à-Mousson .	90 04	9 96	59 76	40 24
Saint-Nicolas. . .	93 13	6 87	56 06	43 94
Vézelise.	92 62	7 38	64 26	35 74
	—	—	—	
ARRONDISSEMENT.	90 93	9 07	58 85	41 15

Répartition des diverses céréales sur le sol des fermes.

CANTONS.	BLÉ.	SEIGLE.	ORGE.	AVOINE.	TOTAUX.
	Ha.	Ha.	Ha.	Ha.	Ha
Haroué.	2.638 31	161 53	164 52	1.403 03	4.367 39
Nancy-Est. . . .	1.911 57	224 74	132 82	1.593 02	3.862 15
Nancy-Nord. . .	227 10	25 68	5 92	146 40	405 10
Nancy-Ouest. .	435 12	21 33	22 54	361 61	840 60
Nomeny.	2.629 33	239 76	345 94	1.458 32	4.673 35
Pont-à-Mousson	2.162 68	323 15	175 62	1.410 45	4.071 90
Saint-Nicolas. .	3.170 61	354 53	157 46	2.343 21	6.025 81
Vézelise.	2.493 96	114 62	479 10	1.839 62	4.927 30
	Ha	Ha.	Ha.	Ha.	Ha.
ARRONDISSEMENT.	15.668 68	1.465 34	1.483 02	10.555 66	29.173 60

Rapports en centièmes entre les diverses céréales.

CANTONS.		BLÉ.	SEIGLE.	ORGE.	AVOINE.
		Ha.	Ha.	Ha.	Ha.
Haroué	Pour 100 hectares.	60 40	3 70	3 76	32 14
Nancy-Est		49 49	5 82	3 44	41 25
Nancy-Nord		56 06	6 34	1 46	36 14
Nancy-Ouest		51 76	2 53	2 68	43 03
Nomeny		55 19	4 93	7 26	32 62
Pont-à-Mousson		53 11	7 93	4 31	34 65
Saint-Nicolas		52 62	5 88	2 61	38 89
Vézelise		50 61	2 32	9 72	37 35
		Ha.	Ha.	Ha.	Ha.
ARRONDISSEMENT.		53 65	4 95	4 40	37 »

Répartition des diverses plantes sarclées (betteraves, pommes de terre et autres).

CANTONS.	BETTERAVES.	POMMES DE TERRE.	DIVERSES: MAÏS, TOPINAMBOURS, COLZA, ETC.	TOTAUX.
	Ha.	Ha.	Ha.	Ha.
Haroué	85 05	150 85	3 30	239 20
Nancy-Est	152 84	170 52	8 93	332 29
Nancy-Nord	19 »	28 50	12 »	59 50
Nancy-Ouest	19 10	118 85	1 75	139 70
Nomeny	133 16	242 45	43 44	419 05
Pont-à-Mousson	189 57	226 61	34 32	450 50
Saint-Nicolas	143 24	292 64	8 93	444 81
Vézelise	65 58	325 62	1 72	392 92
	Ha.	Ha.	Ha.	Ha.
ARRONDISSEMENT.	807 54	1.556 04	114 39	2.477 97

Rapports en centièmes entre les diverses plantes sarclées.

CANTONS.		BETTERAVES.	POMMES DE TERRE.	DIVERSES.
		Ha.	Ha.	Ha.
Haroué	Pour 100 hectares.	35 55	63 60	0 85
Nancy-Est.		45 99	51 31	2 70
Nancy-Nord.		31 93	47 88	20 19
Nancy-Ouest		13 67	85 07	0 26
Nomeny.		31 77	57 85	10 38
Pont-à-Mousson . . .		42 07	50 19	7 74
Saint-Nicolas.		33 20	65 78	1 02
Vézelise		16 69	82 87	0 44
	—	—	—	—
		Ha.	Ha.	Ha.
ARRONDISSEMENT.	Pour 100 hectares.	31 36	63 07	5 57

B

Rendements des céréales par hectare exprimés en kilogrammes.

CANTONS.	BLÉ.			SEIGLE.			ORGE.			AVOINE.		
	Plus haut	Plus bas.	MOYEN.	Plus haut	Plus bas.	MOYEN.	Plus haut	Plus bas.	MOYEN.	Plus haut	Plus bas.	MOYE[illegible]
			Kg.			Kg.			Kg.			
Haroué	2.200	1.000	1.226	1.500	850	1.098	2.000	950	1.035	1.300	750	1.0[illegible]
Nancy-Est . .	1.800	1.000	1.367	2.000	1.000	1.592	2.000	900	1.650	1.800	800	1.2[illegible]
Nancy-Nord . .	2.000	1.300	1.553	1.900	1.350	1.500	1.850	1.300	1.525	2.400	1.100	1.8[illegible]
Nancy-Ouest . .	1.650	1.000	1.336	1.500	750	1.125	1.750	1.500	1.583	1.750	1.000	1.4[illegible]
Nomeny.	2.000	900	1.296	1.600	850	1.233	1.800	800	1.331	1.800	800	1.2[illegible]
Pont-à-Mousson	2.100	800	1.364	2.000	1.100	1.440	2.000	1.200	1.532	2.000	1.000	1.3[illegible]
Saint-Nicolas. .	2.000	950	1.352	1.500	900	1.177	1.800	1.200	1.476	1.500	800	1.2[illegible]
Vézelise.	1.500	900	1.128	1.350	700	1.092	1.625	1.000	1.307	1.575	800	1.0[illegible]
	———		——	———		——	———		——	———		——
			Kg.			Kg.			Kg.			
ARRONDISSEMENT.	2.200	800	1.328	2.000	700	1.282	2.000	800	1.429	2.100	750	1.3[illegible]

Rendements moyens des céréales exprimés en hectolitres.

CANTONS.	BLÉ.	SEIGLE.	ORGE.	AVOINE.
Haroué	16 13	15 25	17 25	22 38
Nancy-Est	17 98	21 97	27 50	26 72
Nancy-Nord	20 43	20 83	25 41	38 29
Nancy-Ouest	17 57	15 62	26 38	31 10
Nomeny	17 05	17 12	22 18	25 91
Pont-à-Mousson	17 94	20 »	25 53	28 48
Saint-Nicolas	17 78	16 34	24 60	26 44
Vézelise	14 84	15 16	21 78	23 34
	—	—	—	—
ARRONDISSEMENT.	17 47	17 81	23 81	27 83

Rendements des prairies naturelles et artificielles exprimés en kilogrammes.

POUR 1 HECTARE.

CANTONS.	PRAIRIES NATURELLES.			PRAIRIES ARTIFICIELLES.		
	Plus haut.	Plus bas.	RENDEMENT MOYEN.	Plus haut.	Plus bas.	RENDEMENT MOYEN.
Haroué	5.200	1.750	3.746	8.000	2.000	5.122
Nancy-Est	5.000	1.000	3.060	8.750	2.000	4.368
Nancy-Nord	3.000	2.000	2.500	8.000	3.000	6.166
Nancy-Ouest	5.000	1.750	3.338	8.000	2.600	4.709
Nomeny	9.500	2.000	3.093	12.500	2.000	4.522
Pont-à-Mousson	8.000	2.000	3.741	9.000	2.200	4.022
Saint-Nicolas	5.100	1.150	3.019	7.500	2.500	3.948
Vézelise	6.000	1.500	3.702	12.500	2.500	5.200
	—		—	—		—
ARRONDISSEMENT.	9.500	1.000	3.241	12.500	2.000	4.765

Rendements des plantes sarclées exprimés en kilogrammes.

CANTONS.	BETTERAVES.			POMMES DE TERRE.		
	Plus haut.	Plus bas.	RENDEMENT MOYEN.	Plus haut.	Plus bas.	RENDEMENT MOYEN.
Haroué	92.000	17.500	33.179	17.000	7.500	12.211
Nancy-Est	60.000	20.000	38.428	25.000	7.500	13.976
Nancy-Nord	50.000	30.000	36.666	15.000	7.000	11.000
Nancy-Ouest	60.000	32.500	46.136	18.000	10.000	10.157
Nomeny	50.000	18.000	28.214	20.000	7.650	10.773
Pont-à-Mousson	36.000	20.000	26.547	15.000	7.600	10.424
Saint-Nicolas	50.000	22.500	28.602	20.000	3.500	11.741
Vézelise	30.000	19.000	21.705	18.500	9.000	13.190
ARRONDISSEMENT.	92.000	18.000	32.434	25.000	3.500	11.684

Rapports en centièmes entre le rendement des prairies naturelles et celui des prairies artificielles.

CANTONS.	PRAIRIES NATURELLES.	PRAIRIES ARTIFICIELLES.
Haroué	Qx. 42	Qx. 58
Nancy-Est	44	59
Nancy-Nord	28	72
Nancy-Ouest	26	74
Nomeny	40	60
Pont-à-Mousson	48	52
Saint-Nicolas	43	57
Vézelise	41	59
ARRONDISSEMENT.	Qx. 36	Qx. 64

Rapports en centièmes entre le rendement des betteraves et celui des pommes de terre.

CANTONS.	BETTERAVES.	POMMES DE TERRE.
Haroué.	Qx. 73	Qx. 27
Nancy-Est.	73	27
Nancy-Nord.	76	24
Nancy-Ouest.	81	19
Nomeny.	72	28
Pont-à-Mousson.	71	29
Saint-Nicolas.	70	30
Vézelise.	62	38
ARRONDISSEMENT.	Qx. 72	Qx. 28

Production des récoltes, d'après leurs rendements moyens, exprimée en quintaux.

CÉRÉALES.

CANTONS.	BLÉ.	SEIGLE.	ORGE.	AVOINE.
Haroué.	32.345 68	1.773 60	1.702 78	14.750 87
Nancy-Est.	26.131 16	3.578 60	2.191 53	20.008 33
Nancy-Nord.	3.526 86	385 20	90 28	2.635 20
Nancy-Ouest.	5.813 20	239 96	356 81	5.286 74
Nomeny.	34.076 12	2.956 24	4.604 46	17.762 34
Pont-à-Mousson.	29.498 95	4.653 36	2.600 50	18.885 92
Saint-Nicolas.	42.866 65	4.172 82	2.324 14	29.126 10
Vézelise.	28.131 87	1.251 65	6.261 83	29.180 63
ARRONDISSEMENT.	202.390 49	19.011 43	20.222 30	137.645 13

Production des récoltes, d'après leurs rendements moyens, exprimée en hectolitres.

CÉRÉALES.

CANTONS.	BLÉ.	SEIGLE.	ORGE.	AVOINE.
Haroué	42.560 10	2.463 33	2.837 96	31.403 97
Nancy-Est	34.383 10	4.970 27	3.652 55	42.570 91
Nancy-Nord	4.640 60	535 »	150 46	5.606 80
Nancy-Ouest	7.648 94	333 27	594 68	11.248 38
Nomeny	44.837 »	4.105 88	7.674 10	37.792 20
Pont-à-Mousson	38.814 40	6.463 »	4.484 16	40.182 80
Saint-Nicolas	56.403 48	5.795 58	3.873 51	61.970 42
Vézelise	37.015 61	1.738 40	10.436 38	62.086 44
ARRONDISSEMENT.	266.303 33	26.404 73	33.703 80	292.861 92

Rapports en centièmes, de la production des diverses céréales, exprimés en quintaux métriques.

CANTONS.	PRODUCTION EN CENTIÈMES.	BLÉ.	SEIGLE.	ORGE	AVOINE.
Haroué	100	63 94	3 50	2 38	29 18
Nancy-Est		50 33	6 89	4 24	38 54
Nancy-Nord		53 14	5 31	1 85	39 70
Nancy-Ouest		49 65	2 05	3 14	45 16
Nomeny		57 36	4 97	7 77	29 90
Pont-à-Mousson		52 93	8 35	4 84	33 88
Saint-Nicolas		54 61	5 31	2 98	37 10
Vézelise		43 32	1 93	9 81	44 94
ARRONDISSEMENT.	100	53 16	4 91	4 63	37 30

Rapports en centièmes, de la production des diverses céréales, exprimés en hectolitres.

CANTONS.	PRODUCTION EN CENTIÈMES.	BLÉ.	SEIGLE.	ORGE.	AVOINE.
Haroué	100	53 69	3 10	3 58	39 63
Nancy-Est		40 17	5 80	4 26	49 77
Nancy-Nord		42 44	4 89	1 37	51 30
Nancy-Ouest		38 58	1 67	3 »	56 75
Nomeny		47 49	4 34	8 12	40 05
Pont-à-Mousson		43 15	7 18	4 98	44 69
Saint-Nicolas		44 04	4 52	3 02	48 42
Vézelise		33 26	1 56	9 37	55 81
	—	—	—	—	—
ARRONDISSEMENT.	100	42 85	4 14	4 71	48 30

Production des récoltes.

PRAIRIES NATURELLES ET ARTIFICIELLES.

CANTONS.	PRAIRIES NATURELLES.	PRAIRIES ARTIFICIELLES.
Haroué	Qx. 38.979	Qx. 36.864
Nancy-Est	37.955	36.294
Nancy-Nord	3.125	8.756
Nancy-Ouest	9.830	8.278
Nomeny	39.238	37.460
Pont-à-Mousson	46.031	33.320
Saint-Nicolas	48.035	49.255
Vézelise	51.597	40.774
ARRONDISSEMENT.	Qx. 267.874	Qx. 264.364

Production des récoltes.

PLANTES SARCLÉES.

CANTONS.	BETTERAVES.	POMMES DE TERRE.
Haroué	Qx. 28.219	Qx. 18.420
Nancy-Est	58.733	23.832
Nancy-Nord	6.966	3.135
Nancy-Ouest	8.812	12.072
Nomeny	37.570	26.119
Pont-à-Mousson	50.325	23.622
Saint-Nicolas	40.970	34.359
Vézelise	14.234	42.949
ARRONDISSEMENT	Qx. 261.917	Qx. 181.808

C

Répartition par tête d'habitants de la production du blé et du seigle.

CANTONS.	BLÉ	SEIGLE.
Haroué	Pour 1 habitant Lit. 371 par an.	Pour 1 habitant Lit. 21 par an.
Nancy-Est	102	15
Nancy-Nord	21	2
Nancy-Ouest	28	1
Nomeny	373	34
Pont-à-Mousson	182	30
Saint-Nicolas	322	33
Vézelise	314	15
ARRONDISSEMENT	Lit. 214	Lit. 19

Répartition par tête de chevaux de la production de l'avoine.

CANTONS.	AVOINE.			
Haroué	Pour 1 cheval par an	Lit. 1.737 90	Par jour	Lit. 4 75
Nancy-Est		2.291 21		6 27
Nancy-Nord		3.737 86		10 24
Nancy-Ouest		3.418 96		9 36
Nomeny		1.459 72		3 99
Pont-à-Mousson		2.006 13		5 49
Saint-Nicolas		2.296 90		6 29
Vézelise		2.656 70		7 27
ARRONDISSEMENT.		Lit. 2.450 62		Lit. 6 71

Répartition par tête d'animaux des espèces chevaline et bovine de la production réunie des prairies naturelles et des prairies artificielles.

CANTONS.	PAR AN.	PAR JOUR.
Haroué	Qx. 25 34	Kos. Gr. 6 942
Nancy-Est	23 10	6 328
Nancy-Nord	33 37	9 142
Nancy-Ouest	28 20	7 722
Nomeny	19 67	5 389
Pont-à-Mousson	25 58	7 008
Saint-Nicolas	22 52	6 160
Vézelise	23 86	6 533
ARRONDISSEMENT.	Qx. 25 20	Kos. Gr. 6 904

D

Évaluation en numéraire de la production des récoltes d'après le prix moyen des deux dernières années, 1876 et 1877.

CÉRÉALES.

CANTONS.	BLÉ 28f 50.	SEIGLE 19f 72.	ORGE 20f 10	AVOINE 21f 48.	TOTAUX.
Haroué	921.861f	34.983f	34.210f	317.044f	1.308.098f
Nancy-Est	744.733	70.578	44.039	429.772	1.289.122
Nancy-Nord	100.519	7.592	1.809	56.599	166.519
Nancy-Ouest	165.670	4.732	7.175	113.565	291.142
Nomeny	971.166	58.292	92.560	381.528	1.503.546
Pont-à-Mousson	840.693	91.757	54.089	405.650	1.392.189
Saint-Nicolas	1.221.710	82.291	46.712	625.626	1.976.339
Vézelise	801.762	24.689	125.866	626.808	1.579.125
ARRONDISSEMENT.	5.768.114f	374.914f	406.460f	2.956.592f	9.506.080f

FOURRAGES.

CANTONS.	FOIN DE PRAIRIE, TRÈFLE, LUZERNE, ETC. 11f 79.
Haroué	894.153f
Nancy-Est	875.395
Nancy-Nord	140.076
Nancy-Ouest	353.570
Nomeny	904.269
Pont-à-Mousson	935.548
Saint-Nicolas	1.147.049
Vézelise	1.089.054
ARRONDISSEMENT.	6.339.114f

PLANTES SARCLÉES.

CANTONS.	BETTERAVES, 2f LE QUINTAL.	POMMES DE TERRE, 5f LE QUINTAL.	TOTAUX.
Haroué	Fr. 56.438	Fr. 92.100	Fr. 148.538
Nancy-Est	117.466	119.160	236.626
Nancy-Nord	13.932	15.675	29.607
Nancy-Ouest	17.624	60.360	77.984
Nomeny	75.140	130.595	205.735
Pont-à-Mousson	100.650	118.110	218.760
Saint-Nicolas	81.940	171.795	253.735
Vézelise	28.468	214.745	243.213
ARRONDISSEMENT.	Fr. 491.658	Fr. 922.540	Fr. 1.414.198

RÉCAPITULATION.

Céréales . . . . 9.506.080 Fr.
Fourrages 6.339.114
Racines et tubercules 1.414.198

TOTAL . . . . 17.259.392 Fr.

III

LES ANIMAUX DE LA FERME

A Leur dénombrement et leur répartition par espèce.
B Leur répartition par genres.
C Leurs rapports avec le sol et les récoltes.
D Leurs produits.
E Évaluation en numéraire des animaux et de leurs produits.

A

Dénombrement des animaux de la ferme.

CANTONS.	ANIMAUX DES ESPÈCES			
	CHEVALINE.	BOVINE.	OVINE.	PORCINE.
Haroué	1.807	1.185	3.301	788
Nancy-Est	1.858	1.355	5.633	829
Nancy-Nord	150	206	280	115
Nancy-Ouest	329	313	1.080	141
Nomeny	2.589	1.310	3.583	1.108
Pont-à-Mousson	2.003	1.099	1.260	794
Saint-Nicolas	2.698	1.622	6.826	1.050
Vézelise	2.337	1.533	3.375	1.028
ARRONDISSEMENT.	13.771	8.623	25.338	5.853

Dénombrement des têtes de bétail.

Un cheval = 1. *Un* bœuf = 1. *Dix* moutons = 1. *Cinq* porcs = 1.

CANTONS.	ANIMAUX DES ESPÈCES				
	CHEVALINE.	BOVINE.	OVINE.	PORCINE.	TOTAUX.
Haroué	1 807	1.185	330 1	157 6	3.479 7
Nancy-Est	1.858	1.355	563 3	165 8	3.942 1
Nancy-Nord	150	206	28 »	23 »	407 »
Nancy-Ouest	329	313	108 »	28 2	778 2
Nomeny	2.589	1.310	358 3	221 6	4.478 9
Pont-à-Mousson	2.003	1.099	126 »	158 8	3.386 8
Saint-Nicolas	2.698	1.622	682 6	210 »	5.212 6
Vézelise	2.337	1.533	337 5	205 6	4.413 1
ARRONDISSEMENT.	13.771	8.623	2.533 8	1.170 6	26.098 4

Rapports en centièmes entre les espèces animales de la ferme.

CANTONS.	ESPÈCES :			
	CHEVALINE.	BOVINE.	OVINE.	PORCINE.
Haroué.	25	16	47	12
Nancy-Est.	19	14	58	9
Nancy-Nord.	20	27	37	16
Nancy-Ouest.	18	17	57	8
Nomeny.	30	12	42	16
Pont-à-Mousson.	39	21	24	16
Saint-Nicolas.	22	13	56	9
Vézelise.	28	18	41	13
	—	—	—	—
ARRONDISSEMENT.	25	17	45	13

Rapports en centièmes entre les têtes de bétail.

CANTONS.	ESPÈCES :			
	CHEVALINE.	BOVINE.	OVINE.	PORCINE.
Haroué.	52	34	9	5
Nancy-Est.	47	34	14	5
Nancy-Nord.	37	50	7	6
Nancy-Ouest.	42	40	14	4
Nomeny.	58	29	8	5
Pont-à-Mousson.	59	32	4	5
Saint-Nicolas.	52	31	13	4
Vézelise.	53	37	8	2
	—	—	—	—
ARRONDISSEMENT.	50	36	10	4

Rapports en centièmes entre les animaux des espèces chevaline et bovine.

CANTONS.	ANIMAUX.	ESPÈCE CHEVALINE.	ESPÈCE BOVINE.
Haroué.	100 têtes.	60	40
Nancy-Est.		58	42
Nancy-Nord.		42	58
Nancy-Ouest.		51	49
Nomeny.		66	34
Pont-à-Mousson.		65	35
Saint-Nicolas.		62	38
Vézelise.		60	40
		—	—
ARRONDISSEMENT.		58	42

Rapports en centièmes entre les animaux des espèces ovine et porcine.

CANTONS.	ANIMAUX.	ESPÈCE OVINE.	ESPÈCE PORCINE.
Haroué.	100 têtes.	80	20
Nancy-Est.		87	13
Nancy-Nord.		70	30
Nancy-Ouest.		88	12
Nomeny.		76	24
Pont-à-Mousson.		61	39
Saint-Nicolas.		86	14
Vézelise.		76	24
		—	—
ARRONDISSEMENT.		78	22

B

Répartition des animaux.

ESPÈCE CHEVALINE.

CANTONS.	CHEVAUX.	JUMENTS.	POULAINS et POULICHES.	ÉTALONS.	TOTAUX.
Haroué	446	837	465	59	1.807
Nancy-Est.	753	601	437	67	1.858
Nancy-Nord.	55	48	45	2	150
Nancy-Ouest	88	129	104	8	329
Nomeny.	880	878	730	101	2.589
Pont-à-Mousson . .	657	769	521	56	2.003
Saint-Nicolas. . . .	859	1 097	664	78	2.698
Vézelise	674	1.016	566	81	2.337
ARRONDISSEMENT.	4.442	5.375	3.532	452	13.771

ESPÈCE BOVINE.

CANTONS.	BŒUFS.	VACHES et GÉNISSES.	TAUREAUX.	TOTAUX.
Haroué	159	977	49	1.185
Nancy-Est.	10	1.306	39	1.355
Nancy-Nord.	2	200	4	206
Nancy-Ouest	2	297	14	313
Nomeny	62	1.173	75	1.310
Pont-à-Mousson . .	170	888	41	1.099
Saint-Nicolas	111	1.407	104	1.622
Vézelise	236	1.240	57	1.533
ARRONDISSEMENT.	752	7.488	383	8.623

Rapports en centièmes entre les animaux.

ESPÈCE CHEVALINE.

CANTONS.	CHEVAUX.	JUMENTS.	POULAINS ET POULICHES.	ÉTALONS.
Haroué	24	46	26	4
Nancy-Est	41	32	23	4
Nancy-Nord	37	32	30	1
Nancy-Ouest	27	39	31	3
Nomeny	34	33	28	5
Pont-à-Mousson	32	38	26	4
Saint-Nicolas	32	41	24	3
Vézelise	29	43	24	4
	—	—	—	—
ARRONDISSEMENT.	32	38	26	4

ESPÈCE BOVINE.

CANTONS.	BOEUFS.	VACHES ET GÉNISSES.	TAUREAUX.
Haroué	13	82	5
Nancy-Est	0 7	96 3	3
Nancy-Nord	0 9	97 1	2
Nancy-Ouest	0 6	95 4	4
Nomeny	5	89	6
Pont-à-Mousson	15	81	4
Saint-Nicolas	7	77	16
Vézelise	15	81	4
	—	—	—
ARRONDISSEMENT.	7	87	6

C

Rapports en centièmes entre le nombre de têtes de bétail et le nombre d'hectares en culture.

CANTONS.	HECTARES EN CULTURE.	TÊTES DE BÉTAIL.	HECTARE.	TÊTE DE BÉTAIL.	
Haroué.	Pour 100 hectares.	53 têtes.	Pour 1 hectare.	1/2	$\frac{3}{10}$
Nancy-Est.		62		3/5	$\frac{2}{10}$
Nancy-Nord		55		1/2	$\frac{5}{10}$
Nancy-Ouest		53		1/2	$\frac{3}{10}$
Nomeny.		62		3/5	$\frac{2}{10}$
Pont-à-Mousson.		50		1/2	
Saint-Nicolas		55		1/2	$\frac{5}{10}$
Vézelise.		58		1/2	$\frac{8}{10}$
		—		—	
ARRONDISSEMENT.	Pour 100 hectares.	56	Pour 1 hectare.	1/2	$\frac{6}{10}$

Rapports en centièmes entre le nombre de têtes de bétail herbivore et le nombre d'hectares en prairies naturelles et artificielles.

CANTONS.	HECTARES EN PRAIRIES.	TÊTES DE BÉTAIL.	HECTARE.	TÊTE DE BÉTAIL.	
Haroué	Pour 100 hectares.	180 têtes.	Pour 1 hectare.	1 tête	$\frac{4}{5}$
Nancy-Est.		182		1	$\frac{4}{5}$
Nancy-Nord		122		1	$\frac{1}{5}$
Nancy-Ouest.		159		1	$\frac{3}{5}$
Nomeny.		155		1	$\frac{1}{2}$
Pont-à-Mousson.		156		1	$\frac{1}{2}$
Saint-Nicolas.		176		1	$\frac{3}{4}$
Vézelise		194		1	$\frac{5}{6}$
	—	—	—	—	
ARRONDISSEMENT.	Pour 100 hectares.	165	Pour 1 hectare.	1	$\frac{3}{5}$

D

Produits des animaux de la ferme.

LE LAIT.

CANTONS.	PRODUCTION TOTALE.	CONVERTI EN BEURRE OU FROMAGE.	CONSOMMÉ SUR PLACE.	VENDU AU DEHORS.	PRIX DU LITRE.
	Lit.	Lit.	Lit.	Lit.	
Haroué	753.430	499.294	141.046	113.090	» 20
Nancy-Est	2.313.889	319.624	162.515	1.831.750	» 25
Nancy-Nord	452.198	36.755	17.788	397.655	» 20
Nancy-Ouest	497.725	65.870	57.059	374.796	» 25
Nomeny	1.397.760	678.902	323.158	395.700	» 15
Pont-à-Mousson	1.497.105	518.484	270.046	708.575	» 15 et 20
Saint-Nicolas	2.276.785	996.863	316.201	963.721	» 20
Vézelise	1.405.102	1.080.302	194.004	130.796	» 10 et 15
ARRONDISSEMENT.	10.593.994	4.196.094	1.481.817	4.916.083	» 18c.5

Rapports en centièmes entre les divers emplois du lait.

CANTONS.	SUR QUANTITÉ PRODUITE.	QUANTITÉ CONVERTIE EN BEURRE OU FROMAGE.	CONSOMMÉ SUR PLACE.	VENDUE AU DEHORS
	Lit.	Lit.	Lit.	Lit.
Haroué	100	66	18	16
Nancy-Est		13	7	80
Nancy-Nord		8	3	89
Nancy-Ouest		13	11	76
Nomeny		48	23	29
Pont-à-Mousson		34	18	48
Saint-Nicolas		44	14	42
Vézelise		76	13	11
	Lit.		Lit.	Lit.
ARRONDISSEMENT.	100	38	13	49

Quantité de lait fournie par jour par une vache, déduction faite des génisses, *(les deux cinquièmes du nombre)* **et le temps de production estimé à 300 jours.**

CANTONS	VACHES LAITIÈRES.	LAIT FOURNI PAR AN.	VACHE.	LAIT FOURNI PAR JOUR.
Haroué	587	Lit. 753.430	1	Lit. 4 28
Nancy-Est	804	2.313.889		9 26
Nancy-Nord	120	452.198		12 56
Nancy-Ouest	179	497.725		9 26
Nomeny	704	1.397.760		6 61
Pont-à-Mousson	533	1.497.105		9 36
Saint-Nicolas	844	2.276.785		8 99
Vézelise	740	1.405.102		6 32
ARRONDISSEMENT.	4.511	Lit. 10.593.994	1	8 33

Répartition de la production annuelle du lait par tête d'habitants.

CANTONS.	POUR UN HABITANT.
Haroué	Par an. Lit. 65 70
Nancy-Est	68 65
Nancy-Nord	20 »
Nancy-Ouest	38 42
Nomeny	116 30
Pont-à-Mousson	70 33
Saint-Nicolas	130 10
Vézelise	119 »
ARRONDISSEMENT.	78 56

LA LAINE

Rendements moyens annuels

Estimés pour moutons de races et du pays réunis, à 2 kilog. 750.

CANTONS.	
	Kil. Gr.
Haroué	9.077 750
Nancy-Est	15.490 750
Nancy-Nord	770 »
Nancy-Ouest	2.970 »
Nomeny	9.853 250
Pont-à-Mousson	3.465 »
Saint-Nicolas	18.774 500
Vézelise	9.281 250
	Kil. Gr.
ARRONDISSEMENT.	69.679 500

E

Évaluation en numéraire des animaux et de leurs produits.

CANTONS.	ESPÈCE CHEVALINE.	ESPÈCE BOVINE.	TOTAUX.
Haroué	903.850f	585.500f	1.579.350f
Nancy-Est	1.021.900	677.500	1.699.400
Nancy-Nord	82.500	103.000	185 500
Nancy-Ouest	180.950	156.000	336.950
Nomeny	1.423.950	635.000	2.058.950
Pont-à-Mousson	1.101.650	549 500	1.651.150
Saint-Nicolas	1.483.900	811.000	2.294.900
Vézelise	1.285.350	766.500	2.051.850
ARRONDISSEMENT.	7.574.050f	4.284.000f	11 858.050f

CANTONS.	ESPÈCE OVINE.	ESPÈCE PORCINE.	TOTAUX.
Haroué	115.535f	118 200f	233.735f
Nancy-Est	197.155	124.350	321.505
Nancy-Nord	9.800	17.250	27.050
Nancy-Ouest	37.800	21.150	58.950
Nomeny	125.405	166.200	291.605
Pont-à-Mousson	44.100	119 100	163.200
Saint-Nicolas	238.910	157 500	396 410
Vézelise	118.125	154.200	272.325
ARRONDISSEMENT.	886.830f	877.950f	1.764.780f

CANTONS.	LAIT, 0 FR. 20 LITRE.	LAINE, 1 FR. 75 KILOG.	TOTAUX.
	Fr.	Fr.	Fr.
Haroué	150.686	15.886	166.572
Nancy-Est	578.472	27 109	605.581
Nancy-Nord	90.439	1.347	91.786
Nancy-Ouest	124.431	5.099	129.530
Nomeny	209.664	17.242	216.906
Pont-à-Mousson	261.992	6.064	268.056
Saint-Nicolas	455.358	32.850	488.208
Vézelise	175.637	16.242	191.879
ARRONDISSEMENT.	Fr. 2.046.679	Fr. 121.839	Fr. 2.168.518

RÉCAPITULATION.

Espèces chevaline et bovine . . . . 11.858.050 Fr.
— ovine et porcine 1.764.780
Produits : lait et laine. 2.168.518

Total . . . . 15.791.348 Fr.

IV.

LES INSTRUMENTS DE TRAVAIL.

A Aides ruraux.

B Machines et outils : 1° Instruments d'extérieur de ferme ; 2° Instruments d'intérieur de ferme.

C Évaluation en numéraire des machines et outils.

AUXILIAIRES.

A

Les aides ruraux des deux sexes.

CANTONS.		
		Ha.
Haroué	380	1 aide pour 17 22
Nancy-Est	511	12 36
Nancy-Nord	68	10 80
Nancy-Ouest	99	14 78
Nomeny	589	12 26
Pont-à-Mousson	488	13 70
Saint-Nicolas	618	15 20
Vézelise	435	17 38
ARRONDISSEMENT.	3.188	14 21

B

MACHINES ET OUTILS

1° Instruments d'extérieur de ferme.

MOISSONNEUSES.

CANTONS.	BURDICK.	CHAMPION.	ELSON.	HORNSBY.	JOHNSTON.	KIRBY.	OMNIUM.	OSBORN.	SAMUELSON.	SPRAGUE.	WOOD.	SANS NOM. X.	TOTAUX.
Haroué	»	»	»	8	»	3	»	»	»	1	2	2	16
Nancy-Est	1	»	»	3	»	»	»	»	»	»	»	4	8
Nancy-Nord	»	»	»	»	»	»	»	»	1	»	»	5	6
Nancy-Ouest	»	»	»	1	»	»	»	»	3	»	1	»	5
Nomeny	»	»	1	6	»	»	»	»	1	»	2	2	12
Pont-à-Mousson	»	»	»	1	»	»	»	»	5	1	3	1	11
Saint-Nicolas	»	»	»	6	»	»	»	»	5	»	1	2	14
Vézelise	»	»	»	3	»	9	»	»	2	»	4	»	18
ARRONDISSEMENT.	1	»	1	28	»	12	»	»	17	2	13	16	90

FAUCHEUSES-MOISSONNEUSES.

CANTONS.	BOULLY.	BUCKEYE.	BURDICK.	HORNSBY.	JOHNSTON.	KIRBY.	SAMUELSON.	SPRAGUE.	VOSGIENNE.	WOOD.	SANS NOM. X.	TOTAUX.
Haroué	»	»	»	»	1	3	»	1	»	3	1	9
Nancy-Est	»	»	»	»	»	1	»	»	»	3	3	7
Nancy-Nord	»	»	»	»	»	»	»	»	»	»	»	»
Nancy-Ouest	»	»	»	1	»	»	»	1	»	2	»	4
Nomeny	»	»	»	»	»	»	»	1	»	1	»	2
Pont-à-Mousson	»	»	»	»	»	»	»	»	»	1	»	1
Saint-Nicolas	»	»	»	»	»	»	»	»	»	»	»	»
Vézelise	»	»	»	»	»	»	»	»	»	»	»	»
ARRONDISSEMENT.	»	»	»	1	1	4	»	3	»	10	4	23

FAUCHEUSES.

CANTONS.	BURDICK.	CUMMING.	HORNSBY.	JOHNSTON.	KIRBY.	PARAGON.	SAMUELSON.	SPRAGUE.	WALTER.	WOOD.	SANS NOM. X.	TOTAUX.
Haroué	»	»	»	»	1	»	»	1	»	3	»	5
Nancy-Est	»	»	»	»	»	»	»	1	»	»	6	7
Nancy-Nord.	»	»	»	»	»	»	»	1	»	»	5	6
Nancy-Oucst.	»	»	1	»	»	»	»	1	»	3	1	6
Nomeny.	»	1	»	»	»	»	»	1	1	5	4	12
Pont-à-Mousson. . . .	»	»	»	»	»	»	1	10	»	4	4	19
Saint-Nicolas	»	»	»	»	»	»	»	2	»	5	1	8
Vézelise.	»	»	»	»	1	1	»	»	»	1	»	3
ARRONDISSEMENT.	»	1	1	»	2	1	1	17	1	21	21	66

FANEUSES. — RATEAUX A CHEVAL.

CANTONS.	FANEUSES.	RATEAUX A CHEVAL.
Haroué.	2	18
Nancy-Est.	2	39
Nancy-Nord.	1	6
Nancy-Ouest	5	10
Nomeny.	2	49
Pont-à-Mousson	8	58
Saint-Nicolas	8	66
Vézelise	0	27
ARRONDISSEMENT.	28	273

BISOCS. — SEMOIRS.

CANTONS.	BISOCS.	SEMOIRS.
Haroué	27	2
Nancy-Est	18	1
Nancy-Nord	7	3
Nancy-Ouest	11	5
Nomeny	26	3
Pont-à-Mousson	19	11
Saint-Nicolas	39	4
Vézelise	46	1
ARRONDISSEMENT.	193	30

2° Instruments d'intérieur de ferme.

CANTONS.	TRIEURS.	TARARES.	HACHE-PAILLE.	COUPE-RACINES	CONCASSEURS.
Haroué	»	»	2	11	1
Nancy-Est	»	»	1	3	1
Nancy-Nord	»	»	»	2	»
Nancy-Ouest	»	»	1	3	»
Nomeny	»	4	2	5	1
Pont-à-Mousson	»	1	4	1	»
Saint-Nicolas	1	»	4	20	3
Vézelise	»	»	2	7	1
ARRONDISSEMENT.	1	5	16	52	7

Nombre d'hectares en céréales répartis aux Moissonneuses et Faucheuses-Moissonneuses.

CANTONS.	POUR MACHINES.	HECTARES EN CÉRÉALES.	POUR MACHINE.	HECTARES EN CÉRÉALES.
		Ha.		Ha.
Haroué	25	4.367 39	1	174 69
Nancy-Est	15	3.862 15	1	257 47
Nancy-Nord	6	405 10	1	67 51
Nancy-Ouest	9	840 60	1	93 40
Nomeny	14	4.673 35	1	333 81
Pont-à-Mousson	12	4.071 90	1	339 32
Saint-Nicolas	14	6.025 81	1	431 44
Vézelise	18	4.927 30	1	273 73
ARRONDISSEMENT.	113	29.173 60	1	258 17

Nombre d'hectares en prairies naturelles et artificielles, répartis aux Faucheuses-Moissonneuses et Faucheuses.

CANTONS.	POUR MACHINES.	HECTARES EN PRAIRIES.	POUR MACHINE.	HECTARES EN PRAIRIES.
		Ha.		Ha.
Haroué	14	1.841 12	1	131 50
Nancy-Est	14	2.071 25	1	147 94
Nancy-Nord	6	267 »	1	44 50
Nancy-Ouest	10	470 30	1	47 03
Nomeny	14	2.097 02	1	149 70
Pont-à-Mousson	20	2.058 90	1	102 94
Saint-Nicolas	8	2.838 68	1	354 83
Vézelise	3	2 168 93	1	722 97
ARRONDISSEMENT.	89	13.813 20	1	155 20

C

Évaluation en numéraire des instruments et machines mentionnés.

Instruments d'extérieur de ferme.

CANTONS.	MOISSONNEUSES. 1000 fr.	FAUCHEUSES-MOISSONNEUSES. 1250 fr.	FAUCHEUSES. 750 fr.	FANEUSES. 450 fr.	RATEAUX A CHEVAL. 290 fr.	BISOCS. 280 fr.	SEMOIRS. 700 fr.	TOTAUX.
	Fr.	Fr.	Fr.	Fr.	Fr.	Fr.	Fr.	Fr.
Haroué	16.000	11.250	4.000	900	5.220	7.560	1.400	46.330
Nancy-Est	8.000	8.750	5.600	900	11.310	5.040	700	40.300
Nancy-Nord	6.000	»	4.800	450	1.740	1.960	2.100	17.050
Nancy-Ouest	5.000	5.000	4.800	2.250	2.900	3.080	3.500	26.530
Nomeny	12.000	2.500	9.600	900	14.210	7.280	2.100	48.590
Pont-à-Mousson	11.000	1.250	15.200	3.600	16.820	5.320	7.700	60.890
Saint-Nicolas	14.000	»	6.400	3.600	19.140	10.920	2.800	56 860
Vézelise	18.000	»	2.400	»	7.830	12.880	700	41.810
	Fr.	Fr.	Fr.	Fr.	Fr.	Fr.	Fr.	Fr.
ARRONDISSEMENT.	90.000	28.750	52.800	12.600	79.170	54.040	21.000	338.360

Instruments d'intérieur de ferme.

CANTONS.	TRIEURS. 200 fr.	TARARES. 75 fr.	HACHE-PAILLE. 200 fr.	COUPE-RACINES. 90 fr.	CONCASSEURS. 120 fr.	TOTAUX.
	Fr.	Fr.	Fr.	Fr.	Fr.	Fr.
Haroué	»	»	400	990	120	1.510
Nancy-Est	»	»	200	270	120	5.990
Nancy-Nord	»	»	»	180	»	180
Nancy-Ouest	»	»	200	270	»	470
Nomeny	»	300	400	450	120	1.270
Pont-à-Mousson	»	75	800	90	»	965
Saint-Nicolas	200	»	800	1.800	360	3.160
Vézelise	»	»	400	630	120	1.150
	Fr.	Fr.	Fr.	Fr.	Fr.	Fr.
ARRONDISSEMENT.	200	375	3.200	4.680	840	9.295

V.

RÉCAPITULATION

DES ÉVALUATIONS EN NUMÉRAIRE

DU SOL, DES INSTRUMENTS,

DES ANIMAUX

ET

DES PRODUITS PRINCIPAUX.

ARRONDISSEMENT DE NANCY

LES HUIT CANTONS

RÉCAPITULATION.

I.	Le sol	112.764.154 Fr.
II.	Les récoltes	17.259.392
III.	Les animaux et leurs principaux produits	15.791.348
IV.	Les instruments	347.655
	TOTAL	146.162.549 Fr.

Nancy. — Imprimerie E. Réau, rue Saint-Dizier, 51.

ARRONDISSEMENT DE TOUL

I

LE SOL

A Dénombrement des fermes.
B Nature du sol et répartition des diverses natures de sol.
C Répartition des terres cultivées et incultes.
D Amélioration et travail du sol.
E Valeur vénale du sol, son prix de location et sa rente.
F Évaluation en numéraire du sol des fermes.

ARRONDISSEMENT DE TOUL.

LES CINQ CANTONS

I.

LE SOL.

A

Dénombrement des fermes au-dessus de 20 hectares et classement par contenance.

CANTONS.	20 à 29	30 à 39	40 à 49	50 à 59	60 à 79	80 à 99	100 à 149	150 à 199	200 à 300	TOTAUX
Colombey	71	41	7	0	1	1	0	2	1	124
Domèvre.	64	42	24	11	12	4	2	1	0	160
Thiaucourt. . . .	68	39	22	11	9	1	4	1	0	155
Toul-Nord. . . .	26	18	15	6	3	1	8	1	0	78
Toul-Sud.	20	8	4	2	2	1	1	1	1	40
ARRONDISSEMENT.	249	148	72	30	27	8	15	6	2	557

B

Nature du sol occupé par les fermes.

CANTONS.	TERRE FORTE.	TERRE MOYENNE.	TERRE LÉGÈRE.	SUPERFICIE OCCUPÉE.
	Ha.	Ha.	Ha.	Ha.
Colombey	1.136 28	1.830 78	958 49	3.925 55
Domèvre	2.259 97	2.311 08	1.662 20	6.233 25
Thiaucourt	725 55	2.035 30	3.046 65	5.807 50
Toul-Nord	1.386 40	1.246 81	863 38	3.496 59
Toul-Sud	603 60	515 75	845 88	1.965 23
ARRONDISSEMENT.	Ha. 6.111 80	Ha. 7.939 72	Ha. 7.376 60	Ha. 21.428 12

Rapports en centièmes entre les diverses natures de terre.

CANTONS.	TERRE FORTE.	TERRE MOYENNE.	TERRE LÉGÈRE.	
Colombey	28 94	46 67	24 39	Pour 100 hectares.
Domèvre	36 25	37 07	26 68	
Thiaucourt	12 49	35 04	52 47	
Toul-Nord	39 65	35 65	24 70	
Toul-Sud	30 71	26 24	43 05	
ARRONDISSEMENT.	29 61	36 13	34 26	

C

Surfaces occupées dans les fermes par les terres cultivées et incultes.

CANTONS.	SURFACE CULTIVÉE.	SURFACE EN JACHÈRES.	BATIMENTS, CHEMINS, ETC.	CONTENANCE TOTALE.
	Ha.	Ha.	Ha.	Ha.
Colombey	3.317 16	431 45	176 94	3.925 55
Domèvre.	5.321 12	772 47	139 66	6.233 25
Thiaucourt.	5.034 47	652 90	120 13	5.807 50
Toul-Nord.	2.981 23	330 20	185 16	3.496 59
Toul-Sud	1.595 41	270 30	99 52	1.965 23
	Ha.	Ha.	Ha.	Ha.
ARRONDISSEMENT.	18.249 30	2.457 32	721 41	21.428 12

Rapports en centièmes entre ces trois surfaces réunies.

CANTONS.	SURFACE CULTIVÉE.	SURFACE EN JACHÈRES.	CHEMINS, BATIMENTS, ETC.	CONTENANCE.
Colombey	84 50	10 99	4 51	Pour 100 hectares.
Domèvre.	85 36	12 39	2 25	
Thiaucourt	86 68	11 24	2 08	
Toul-Nord.	85 26	9 44	5 30	
Toul-Sud	81 18	13 75	5 07	
	—	—	—	
ARRONDISSEMENT.	84 60	11 56	3 84	

D

Améliorations du sol et opérations.

CANTONS.	HECTARES DRAINÉS.	HECTARES IRRIGUÉS.
Colombey	8 50	16 »
Domèvre.	45 93	7 »
Thiaucourt.	133 30	4 50
Toul-Nord	102 »	24 40
Toul-Sud.	6 50	17 »
ARRONDISSEMENT.	296 23	68 90

Rapports en centièmes.

CANTONS.	ENTRE LES SURFACES DRAINÉES ET LE SOL CULTIVÉ.			ENTRE LES SURFACES IRRIGUÉES ET LES PRAIRIES NATURELLES.		
	La superficie du sol cultivé est à la partie drainée.			La surface des prairies nat. est à la partie irriguée.		
Colombey	:: 100	:	0 25	:: 100	:	2 70
Domèvre.	:: »	:	0 86	:: »	:	1 20
Thiaucourt . . .	:: »	:	2 64	:: »	:	1 52
Toul-Nord. . . .	:: »	:	3 42	:: »	:	6 30
Toul-Sud	:: »	:	0 40	:: »	:	7 96
ARRONDISSEMENT.	:: 100	:	1 51	:: 100	:	3 94

Quantité d'hectares labourés par les fermiers pour les manœuvres.

Canton de Colombey	. . . .	607 30
— Domèvre	. . . . .	879 75
— Thiaucourt	. . .	1.028 »
— Toul-Nord	. . .	598 »
— Toul-Sud	. . . .	261 50
	ARRONDISSEMENT.	3.374 55

E

Valeur vénale de l'hectare.

TERRES. — CANTONS.	1re CLASSE. PRIX			2e CLASSE. PRIX			3e et 4e CLASSES. PRIX		
	plus haut	plus bas.	MOYEN.	plus haut	plus bas.	MOYEN.	plus haut	plus bas.	MOYEN.
Colombey	Fr. 4.000	Fr. 2.000	Fr. 2.633	Fr. 1.950	Fr. 1.000	Fr. 1.468	Fr. 900	Fr. 150	Fr. 684
Domèvre	4.000	2.000	2.950	1.800	1.200	1.497	1.000	500	730
Thiaucourt	3.500	2.000	2.426	1.800	1.000	1.407	800	200	521
Toul-Nord	5.000	2.500	3.200	1.800	1.200	1.530	1.000	300	621
Toul-Sud	2.500	2.000	2.200	1.750	1.000	1.278	800	200	617
ARRONDISSEMENT.	Fr. 5.000	Fr. 2.000	Fr. 2.681	Fr. 1.950	Fr. 1.000	Fr. 1.436	Fr. 1.000	Fr. 150	Fr. 634

Valeur locative de l'hectare.

TERRES. — CANTONS.	1re Classe. PRIX			2e Classe. PRIX			3e et 4e Classes. PRIX		
	plus haut.	plus bas.	moyen.	plus haut.	plus bas.	moyen.	plus haut.	plus bas.	moyen.
Colombey.	Fr. 150	Fr. 60	Fr. 84	Fr. 60	Fr. 25	Fr. 48 »	Fr. 40	Fr. 8	Fr. 28
Domèvre.	80	55	65	55	40	45 »	40	20	34
Thiaucourt. . . .	80	35	51	45	30	39 »	35	15	24
Toul-Nord.	80	55	65	55	40	45 »	40	20	34
Toul-Sud.	75	40	54	50	30	41 50	31	15	20
	—		—	—		—	—		—
ARRONDISSEMENT.	Fr. 150	Fr. 35	Fr. 63	Fr. 60	Fr. 25	Fr. 43 70	Fr. 40	Fr. 8	Fr. 28

Rente locative de l'hectare.

TERRES. — CANTONS.	1re Classe. — REVENU MOYEN.	2e Classe. — REVENU MOYEN.	3e et 4e Classes — REVENU MOYEN.
Colombey.	Fr. 3 19	Fr. 3 27	Fr. 4 18
Domèvre.	2 20	3 »	4 65
Thiaucourt.	2 10	2 77	4 60
Toul-Nord.	2 03	2 94	5 47
Toul-Sud.	2 47	3 26	3 24
	—	—	—
ARRONDISSEMENT.	Fr. 2 40	Fr. 3 05	Fr. 4 43

F

Évaluation moyenne de la valeur des terres constituant les fermes de 20 hectares et au-dessus.

CANTONS.	TERRES MOYENNES. — 1re CLASSE.	TERRES LÉGÈRES. — 2e CLASSE.	TERRES FORTES. — 3e et 4e CLASSES.	TOTAUX.
	Fr.	Fr.	Fr.	Fr.
Colombey	4.820.233	1.407.063	777.215	7.004.511
Domèvre	6.817.686	2.488.313	1.649.778	10.955.777
Thiaucourt	4.937.637	4.286.637	378.012	9.602.286
Toul-Nord	3.989.792	1.320.971	860.954	6.171.717
Toul-Sud	1.134.650	1.081.035	372.421	2.588.106
ARRONDISSEMENT	Fr. 21.699.998	Fr. 10.584.019	Fr. 4.038.380	Fr. 36.322 397

II

PRODUITS VÉGÉTAUX

LES RÉCOLTES

A Leur répartition.
B Leurs rendements et production.
C Leur répartition dans l'alimentation de l'homme et des animaux.
D Évaluation en numéraire de leurs produits.

A

Répartition des diverses cultures sur le sol des fermes.

CANTONS.	CÉRÉALES.	PRAIRIES NATURELLES.	PRAIRIES ARTIFICIELLES.	PLANTES SARCLÉES.	VIGNES, HOUBLONS.
	Ha.	Ha.	Ha.	Ha.	Ha.
Colombey.	2.159 35	591 85	380 01	155 20	30 75
Domèvre.	3.746 92	580 95	540 64	377 34	75 27
Thiaucourt.	3.619 44	294 31	785 15	277 80	57 77
Toul-Nord.	2.014 13	387 12	348 80	201 90	29 28
Toul-Sud.	1.047 36	213 44	249 30	64 80	20 51
	Ha.	Ha.	Ha.	Ha.	Ha.
ARRONDISSEMENT.	12.587 20	2.067 67	2.303 90	1.077 04	213 58

Rapports en centièmes entre la surface du sol cultivé et celle occupée par les diverses cultures (vignes et houblonnières exceptées).

CANTONS.	SURFACE.	CÉRÉALES.	PRAIRIES NATURELLES.	PRAIRIES ARTIFICIELLES.	PLANTES SARCLÉES.
		Ha.	Ha.	Ha.	Ha.
Colombey.	100 hectares contiennent.	65 70	18 »	11 56	4 74
Domèvre.		71 42	11 07	10 30	7 21
Thiaucourt		72 72	5 91	15 77	5 60
Toul-Nord.		68 23	13 »	11 81	6 96
Toul-Sud.		66 50	13 55	15 82	4 13
		—	—	—	—
		Ha.	Ha.	Ha.	Ha.
ARRONDISSEMENT.	100 hectares.	68 91	12 30	13 05	5 74

Rapports en centièmes entre diverses cultures :
Céréales et plantes sarclées. — Prairies naturelles et prairies artificielles.

SUR 100 HECTARES.

CANTONS.	CÉRÉALES.	PLANTES SARCLÉES.	PRAIRIES NATURELLES.	PRAIRIES ARTIFICIELLES.
Colombey.	93 39	6 61	60 90	39 10
Domèvre	90 84	9 16	51 78	48 22
Thiaucourt	92 87	7 13	27 27	72 73
Toul-Nord.	90 88	9 12	52 61	47 39
Toul-Sud	94 17	5 83	46 13	53 87
ARRONDISSEMENT.	92 43	7 57	47 74	52 26

Répartition des diverses céréales sur le sol des fermes.

CANTONS.	BLÉ.	SEIGLE.	ORGE.	AVOINE.	TOTAUX.
	Ha.	Ha.	Ha.	Ha.	Ha.
Colombey	1.010 60	38 64	213 04	897 07	2.159 35
Domèvre	1.816 59	61 14	47 67	1.821 52	3.746 92
Thiaucourt. . . .	1.709 30	77 35	199 65	1.633 14	3.619 44
Toul-Nord	938 45	81 74	133 55	860 39	2.014 13
Toul-Sud.	432 16	29 24	196 85	389 11	1.047 36
ARRONDISSEMENT.	Ha. 5.907 10	Ha. 288 11	Ha. 790 76	Ha. 5.601 23	Ha. 12.587 20

Rapports en centièmes entre les diverses céréales.

CANTONS.		BLÉ.	SEIGLE.	ORGE.	AVOINE.
Colombey.	Pour 100 hectares.	Ha. 46 83	Ha. 1 80	Ha. 9 86	Ha. 41 51
Domèvre.		44 48	1 63	1 27	52 62
Thiaucourt.		47 22	2 13	5 51	45 14
Toul-Nord.		46 59	4 05	6 63	42 73
Toul-Sud.		41 26	2 79	18 79	37 16
ARRONDISSEMENT.		Ha. 45 26	Ha. 2 48	Ha. 8 43	Ha. 43 83

Répartition des diverses plantes sarclées (betteraves, pommes de terre et autres).

CANTONS.	BETTERAVES.	POMMES DE TERRE.	DIVERSES: MAÏS, TOPINAMBOURS, COLZA, ETC.	TOTAUX.
Colombey	Ha. 13 80	Ha. 140 26	Ha. 1 14	Ha. 155 20
Domèvre.	53 07	320 34	3 93	377 34
Thiaucourt	42 90	231 22	3 68	277 80
Toul-Nord.	41 84	157 06	3 »	201 90
Toul-Sud	13 40	49 84	1 56	64 80
ARRONDISSEMENT.	Ha. 165 01	Ha. 898 72	Ha. 13 31	Ha. 1.077 04

Rapports en centièmes entre les diverses plantes sarclées.

CANTONS.		BETTERAVES.	POMMES DE TERRE.	DIVERSES.
Colombey	Pour 100 hectares.	Ha. 8 89	Ha. 90 37	Ha. 0 84
Domèvre		14 06	84 89	1 15
Thiaucourt		15 44	83 [illegible]3	1 33
Toul-Nord.		20 72	77 79	1 49
Toul-Sud		20 68	76 91	2 41
	—	—	—	—
ARRONDISSEMENT.	Pour 100 hectares.	Ha. 15 96	Ha. 82 60	Ha. 1 44

B

Rendements des céréales par hectare exprimés en kilogrammes.

CANTONS.	BLÉ.			SEIGLE.			ORGE.			AVOINE.		
	Plus haut	Plus bas.	MOYEN.	Plus haut	Plus bas.	MOYEN.	Plus haut	Plus bas.	MOYEN.	Plus haut	Plus bas.	MOYEN.
Colombey	2.500	730	Kg. 1.253	1.500	900	Kg. 1.147	1.300	850	Kg. 1.122	1,600	735	1.0[illegible]
Domèvre.	1.408	560	1.032	1.470	910	986	1.330	864	1.098	1.620	650	9[illegible]
Thiaucourt.	2.400	500	970	1.400	630	862	2.200	700	1.094	1.500	600	9[illegible]
Toul-Nord	2.400	960	1.249	2.500	900	1.344	2.000	1.100	1.278	1.500	850	1.1[illegible]
Toul-Sud.	1.700	640	1.008	1.440	800	956	1.800	780	1.010	1.350	675	8[illegible]
	————		———	————		——	————		———	————		—[illegible]
ARRONDISSEMENT.	2.500	500	Kg. 1.102	2.500	630	Kg. 1.050	2.200	700	Kg. 1.120	1.620	600	1.0[illegible]

Rendements moyens des céréales exprimés en hectolitres.

CANTONS.	BLÉ.	SEIGLE.	ORGE.	AVOINE.
Colombey	16 48	15 93	18 70	23 21
Domèvre	13 58	13 69	18 30	20 68
Thiaucourt	12 76	11 97	18 23	19 23
Toul-Nord	16 43	18 66	21 30	24 59
Toul-Sud	13 26	13 27	16 83	18 66
	—	—	—	—
ARRONDISSEMENT	14 50	14 70	18 67	21 27

Rendements des prairies naturelles et artificielles exprimés en kilogrammes.

POUR 1 HECTARE.

CANTONS.	PRAIRIES NATURELLES.			PRAIRIES ARTIFICIELLES.		
	Plus haut.	Plus bas.	RENDEMENT MOYEN.	Plus haut.	Plus bas.	RENDEMENT MOYEN.
Colombey	6.000	2.000	3.150	7.500	2.500	3.609
Domèvre	7.500	1.000	2.234	10.000	1.500	3.970
Thiaucourt	5.500	1.500	2.671	6.000	1.500	3.191
Toul-Nord	5.000	750	2.740	6.500	1.500	3.951
Toul-Sud	4.000	1.250	2.451	5.000	1.000	3.457
	—		—	—		—
ARRONDISSEMENT	7.500	750	2.649	10.000	1.000	3.434

Rendements des plantes sarclées exprimés en kilogrammes.

CANTONS.	BETTERAVES.			POMMES DE TERRE.		
	Plus haut.	Plus bas.	RENDEMENT MOYEN.	Plus haut.	Plus bas.	RENDEMENT MOYEN.
Colombey	30.000	20.000	26.881	15.200	7.500	13.370
Domèvre	37.500	16.000	21 125	15.000	0.000	8.532
Thiaucourt	45.000	15.000	21.676	18.000	5.000	8.619
Toul-Nord	40.000	15.000	27.730	18.000	5.000	9.765
Toul-Sud	50.000	20.000	24.435	15.000	6.000	7.732
	—		—	—		—
ARRONDISSEMENT.	50.000	15.000	24.369	18.000	5.000	9.603

Rapports en centièmes entre le rendement des prairies naturelles et celui des prairies artificielles.

CANTONS.	PRAIRIES NATURELLES.	PRAIRIES ARTIFICIELLES.
Colombey	Qx. 44	Qx. 56
Domèvre	36	64
Thiaucourt	45	55
Toul-Nord	40	60
Toul-Sud	41	59
	—	—
ARRONDISSEMENT.	Qx. 41	Qx. 59

Rapports en centièmes entre le rendement des betteraves et celui des pommes de terre.

CANTONS.	BETTERAVES.	POMMES DE TERRE.
Colombey	Qx. 66	Qx. 34
Domèvre	71	29
Thiaucourt	71	29
Toul-Nord	73	27
Toul-Sud	75	25
	—	—
ARRONDISSEMENT.	Qx. 71	Qx. 29

Production des récoltes, d'après leurs rendements moyens, exprimée en quintaux.

CÉRÉALES.

CANTONS.	BLÉ.	SEIGLE.	ORGE.	AVOINE.
Colombey	12.662 82	443 20	2.390 31	9.787 03
Domèvre	18.747 21	602 84	523 42	17.705 17
Thiaucourt	16.580 21	666 76	2.184 17	14.763 58
Toul-Nord	11.721 24	1.098 58	1.706 77	9.946 11
Toul-Sud	4.356 17	279 53	1.988 18	3.412 49
ARRONDISSEMENT.	64.067 65	3.090 91	8.792 85	55.614 38

Production des récoltes, d'après leurs rendements moyens, exprimée en hectolitres.

CÉRÉALES.

CANTONS.	BLÉ.	SEIGLE.	ORGE.	AVOINE.
Colombey	16.661 60	615 55	3.983 85	20.823 47
Domèvre	24.667 38	837 28	872 36	37.670 57
Thiaucourt	21.816 06	926 05	3.640 28	31.411 87
Toul-Nord	15.422 68	1.525 80	2.844 61	21.161 93
Toul-Sud	5.731 80	388 23	3.313 63	7.260 61
ARRONDISSEMENT.	84.299 52	4.292 91	14.654 73	118.328 45

Rapports en centièmes, de la production des diverses céréales, exprimés en quintaux métriques.

CANTONS.	PRODUCTION EN CENTIÈMES.	BLÉ.	SEIGLE.	ORGE.	AVOINE.
Colombey	100	50 02	1 74	9 45	38 79
Domèvre		49 88	1 60	1 39	47 13
Thiaucourt		48 48	1 95	6 38	43 19
Toul-Nord		47 89	4 48	6 97	40 66
Toul-Sud		43 40	2 78	19 81	34 01
ARRONDISSEMENT.	100	47 93	2 51	8 80	40 76

Rapports en centièmes, de la production des diverses céréales, exprimés en hectolitres.

CANTONS.	PRODUCTION EN CENTIÈMES.	BLÉ.	SEIGLE.	ORGE.	AVOINE.
Colombey	100	39 59	1 46	9 44	49 51
Domèvre		38 51	1 30	1 36	58 83
Thiaucourt		37 74	1 60	6 29	54 37
Toul-Nord		37 65	3 72	6 94	51 69
Toul-Sud		34 33	2 32	19 84	43 51
	—	—	—	—	—
ARRONDISSEMENT.	100	37 56	2 09	8 77	51 58

Production des récoltes.

PRAIRIES NATURELLES ET ARTIFICIELLES.

CANTONS.	PRAIRIES NATURELLES.	PRAIRIES ARTIFICIELLES.
Colombey	Qx. 18.643 27	Qx. 13.714 56
Domèvre	12.978 42	21.463 41
Thiaucourt	7.861 02	25.054 14
Toul-Nord	10.607 09	13.781 09
Toul-Sud	5.231 41	6.110 34
ARRONDISSEMENT.	Qx. 55.321 21	Qx. 80.123 54

Production des récoltes.

PLANTES SARCLÉES.

CANTONS.	BETTERAVES.	POMMES DE TERRE.
Colombey	Qx. 3.709 58	Qx. 18.752 76
Domèvre	11.211 04	27.321 49
Thiaucourt	9.299 »	19.928 85
Toul-Nord	11.602 23	15.336 91
Toul-Sud	3.274 29	3.853 63
ARRONDISSEMENT.	Qx. 39.096 14	Qx. 85.192 64

C

Répartition par tête d'habitants de la production du blé et du seigle.

CANTONS.	BLÉ	SEIGLE.
Colombey	Pour 1 habitant Lit. 127 49 par an.	Pour 1 habitant Lit. 4 71 par jour.
Domèvre	248 36	8 43
Thiaucourt	249 46	10 58
Toul-Nord	117 60	11 60
Toul-Sud	42 43	2 87
ARRONDISSEMENT.	Lit. 157 07	Lit. 7 62

Répartition par tête de chevaux de la production de l'avoine.

CANTONS.	AVOINE.	
Colombey	Pour 1 cheval par an 5.597 7 Lit.	Par jour 15 33 Lit.
Domèvre	3.494 4	9 57
Thiaucourt	2.792 1	7 64
Toul-Nord	3.125 8	8 56
Toul-Sud	1.972 9	5 40
	—	—
ARRONDISSEMENT	Lit. 3.306 6	Lit. 9 30

Répartition par tête d'animaux des espèces chevaline et bovine de la production réunie des prairies naturelles et des prairies artificielles.

CANTONS.	PAR AN.	PAR JOUR.
Colombey	Qx. 20 50	Kos. Gr. 5 641
Domèvre	19 63	5 378
Thiaucourt	19 81	5 427
Toul-Nord	20 42	5 594
Toul-Sud	17 13	4 693
	—	—
ARRONDISSEMENT	Qx. 19 51	Kos. Gr. 5 346

D

Évaluation en numéraire de la production des récoltes d'après le prix moyen des deux dernières années, 1876 et 1877.

CÉRÉALES.

CANTONS.	BLÉ 28f 50.	SEIGLE 19f 72.	ORGE 20f 10	AVOINE 21f 48.	TOTAUX.
Colombey.	360.896f	87.620f	48.045f	210.225f	706.786f
Domèvre.	534.289	11.888	10.521	380.303	937.001
Thiaucourt.	472.530	13.148	43.902	317.131	846.711
Toul-Nord.	334.048	21.664	34.306	213.640	603.658
Toul-Sud.	124.146	5.512	39.962	73.289	242.909
ARRONDISSEMENT.	1.825.909f	139.832f	176.736f	1.194.588f	3.337.065f

FOURRAGES.

CANTONS.	FOIN DE PRAIRIE, TRÈFLE, LUZERNE, ETC. 11f 79.
Colombey.	Fr. 381 501
Domèvre.	406.059
Thiaucourt.	388.068
Toul-Nord.	287.534
Toul-Sud	133.728
ARRONDISSEMENT.	1.596.890f

PLANTES SARCLÉES.

CANTONS.	BETTERAVES, 2f LE QUINTAL.	POMMES DE TERRE, 5f LE QUINTAL.	TOTAUX.
Colombey	Fr. 7.420	Fr. 93.765	Fr. 101.185
Domèvre	22.422	136.605	159.027
Thiaucourt	18.598	99.645	118.243
Toul-Nord	23.204	76.685	99.889
Toul-Sud	6.548	19.265	25.813
ARRONDISSEMENT	Fr. 78.192	Fr. 425.965	Fr. 504.157

RÉCAPITULATION.

Céréales	3.337.065 Fr.
Fourrages	1.596.890
Racines et tubercules	504.157
TOTAL	5.438.112 Fr.

III

LES ANIMAUX DE LA FERME

A Leur dénombrement et leur répartition par espèce.
B Leur répartition par genres.
C Leurs rapports avec le sol et les récoltes.
D Leurs produits.
E Évaluation en numéraire des animaux et de leurs produits.

A

Dénombrement des animaux de la ferme.

CANTONS.	ANIMAUX DES ESPÈCES			
	CHEVALINE.	BOVINE.	OVINE.	PORCINE.
Colombey	972	599	1.155	598
Domèvre	1.078	677	1.180	738
Thiaucourt	1.125	536	1.363	604
Toul-Nord	677	517	972	353
Toul-Sud	368	294	545	280
ARRONDISSEMENT.	4.220	2.623	5.215	2.573

Dénombrement des têtes de bétail.

Un cheval = 1. *Un* bœuf = 1. *Dix* moutons = 1. *Cinq* porcs = 1.

CANTONS.	ANIMAUX DES ESPÈCES				
	CHEVALINE.	BOVINE.	OVINE.	PORCINE.	TOTAUX.
Colombey	972	599	115 5	119 6	1.806 1
Domèvre	1.078	677	118 »	147 6	2.020 6
Thiaucourt	1.125	536	136 3	120 8	1.918 1
Toul-Nord	677	517	97 2	70 6	1.361 8
Toul-Sud	368	294	54 5	56 »	772 5
ARRONDISSEMENT.	4.220	2.623	521 5	514 6	7.879 1

Rapports en centièmes entre les espèces animales de la ferme.

CANTONS.	ESPÈCES :			
	CHEVALINE.	BOVINE.	OVINE.	PORCINE.
Colombey	29	18	34	19
Domèvre	29	18	32	21
Thiaucourt	31	14	37	18
Toul-Nord	26	20	38	16
Toul-Sud	24	19	39	18
	—	—	—	—
ARRONDISSEMENT.	28	18	36	18

Rapports en centièmes entre les têtes de bétail.

CANTONS.	ESPÈCES :			
	CHEVALINE.	BOVINE.	OVINE.	PORCINE.
Colombey	53	33	6	8
Domèvre	53	33	6	8
Thiaucourt	58	27	7	8
Toul-Nord	49	37	7	7
Toul-Sud	47	38	8	7
	—	—	—	—
ARRONDISSEMENT.	52	34	7	7

Rapports en centièmes entre les animaux des espèces chevaline et bovine.

CANTONS.	ANIMAUX.	ESPÈCE CHEVALINE.	ESPÈCE BOVINE.
Colombey	100 têtes.	61	39
Domèvre		61	39
Thiaucourt		67	33
Toul-Nord		56	44
Toul-Sud		55	45
		—	—
ARRONDISSEMENT.		60	40

Rapports en centièmes entre les animaux des espèces ovine et porcine.

CANTONS.	ANIMAUX.	ESPÈCE OVINE.	ESPÈCE PORCINE.
Colombey	100 têtes.	65	35
Domèvre		61	39
Thiaucourt		64	36
Toul-Nord		73	27
Toul-Sud		66	34
		—	—
ARRONDISSEMENT.		66	34

B

Répartition des animaux.

ESPÈCE CHEVALINE.

CANTONS.	CHEVAUX.	JUMENTS.	POULAINS et POULICHES.	ÉTALONS.	TOTAUX.
Colombey.	346	426	173	27	972
Domèvre.	418	412	191	57	1.078
Thiaucourt.	308	561	236	20	1.125
Toul-Nord.	193	329	94	61	677
Toul-Sud.	108	170	85	5	368
ARRONDISSEMENT.	1.373	1.898	779	170	4.220

ESPÈCE BOVINE.

CANTONS.	BOEUFS.	VACHES et GÉNISSES.	TAUREAUX.	TOTAUX.
Colombey.	79	512	8	599
Domèvre.	158	508	11	677
Thiaucourt.	72	434	30	536
Toul-Nord.	46	458	13	517
Toul-Sud.	6	277	11	294
ARRONDISSEMENT.	361	2.489	73	2.623

Rapports en centièmes entre les animaux.

ESPÈCE CHEVALINE.

CANTONS.	CHEVAUX.	JUMENTS.	POULAINS ET POULICHES.	ÉTALONS.
Colombey	35	43	17	5
Domèvre	38	37	17	8
Thiaucourt	27	49	20	4
Toul-Nord	28	48	13	11
Toul-Sud	29	46	23	2
	—	—	—	—
ARRONDISSEMENT.	31	45	18	6

ESPÈCE BOVINE.

CANTONS.	BOEUFS.	VACHES ET GÉNISSES.	TAUREAUX.
Colombey	13	85	2
Domèvre	23	75	2
Thiaucourt	13	80	7
Toul-Nord	9	88	3
Toul-Sud	2	94	4
	—	—	—
ARRONDISSEMENT.	12	84	4

C

Rapports en centièmes entre le nombre de têtes de bétail et le nombre d'hectares en culture.

CANTONS.	HECTARES EN CULTURE.	TÊTES DE BÉTAIL.	HECTARE.	TÊTE DE BÉTAIL.
Colombey.	Pour 100 hectares.	54 têtes.	Pour 1 hectare.	1/2 $\frac{1}{25}$
Domèvre.		38		1/3 $\frac{1}{20}$
Thiaucourt.		38		1/3 $\frac{1}{20}$
Toul-Nord.		45		1/3 $\frac{3}{25}$
Toul-Sud.		48		1/3 $\frac{3}{20}$
		—		—
ARRONDISSEMENT.	Pour 100 hectares.	45	Pour 1 hectare.	1/3 $\frac{3}{25}$

Rapports en centièmes entre le nombre de têtes de bétail herbivore et le nombre d'hectares en prairies naturelles et artificielles.

CANTONS.	HECTARES EN PRAIRIES.	TÊTES DE BÉTAIL.	HECTARE.	TÊTE DE BÉTAIL.
Colombey.	Pour 100 hectares.	173 têtes.	Pour 1 hectare.	1 tête $\frac{3}{4}$
Domèvre.		166		1 $\frac{2}{3}$
Thiaucourt		166		1 $\frac{2}{3}$
Toul-Nord.		175		1 $\frac{3}{4}$
Toul-Sud.		154		1 $\frac{1}{2}$
	—	—	—	—
ARRONDISSEMENT.	Pour 100 hectares.	167	Pour 1 hectare.	1 $\frac{2}{3}$

D

Produits des animaux de la ferme.

LE LAIT.

CANTONS.	PRODUCTION TOTALE.	CONVERTI EN BEURRE OU FROMAGE.	CONSOMMÉ SUR PLACE.	VENDU AU DEHORS.	PRIX DU LITRE.
	Lit.	Lit.	Lit.	Lit.	Centimes.
Colombey.	524.440	337.102	137.003	50.335	15
Domèvre	653.496	407.668	201.324	44.504	20
Thiaucourt	582.745	332.851	136.494	113.400	18
Toul-Nord.	605.240	229.450	166.925	208.865	20
Toul-Sud	235.046	81.733	110.789	42.524	25
ARRONDISSEMENT.	2.600.967	1.388.804	752.535	459.628	0 fr. 20

Rapports en centièmes entre les divers emplois du lait.

CANTONS.	SUR QUANTITÉ PRODUITE.	QUANTITÉ CONVERTIE EN BEURRE OU FROMAGE.	CONSOMMÉE SUR PLACE.	VENDUE AU DEHORS
	Lit.	Lit.	Lit.	Lit.
Colombey	100	62	26	12
Domèvre.		62	31	7
Thiaucourt.		57	23	20
Toul-Nord.		38	27	35
Toul-Sud		34	47	19
	—	—	—	—
ARRONDISSEMENT.	Lit. 100	51	Lit. 31	Lit. 18

Quantité de lait fournie par jour par une vache, déduction faite des génisses, *(les deux cinquièmes du nombre)* **et le temps de production estimé à 300 jours.**

CANTONS	VACHES LAITIÈRES.	LAIT FOURNI PAR AN.	VACHE.	LAIT FOURNI PAR JOUR.
Colombey	302	Lit. 524.440	1	Lit. 5 7
Domèvre	306	653.496	1	7 1
Thiaucourt	260	582.745	1	7 4
Toul-Nord	276	605.240	1	7 3
Toul-Sud	165	235.046	1	4 7
ARRONDISSEMENT	1.309	Lit. 2.600.967	1	6 6

Répartition de la production annuelle du lait par tête d'habitants.

CANTONS.	POUR UN HABITANT.	
Colombey	Par an.	Lit. 40 1
Domèvre		65 7
Thiaucourt		66 6
Toul-Nord		46 1
Toul-Sud		17 4
ARRONDISSEMENT		44 5

LA LAINE

Rendements moyens annuels

Estimés pour moutons de races et du pays réunis, à 2 kilog. 750.

CANTONS.	
Colombey	Kil. Gr. 3.176 250
Domèvre	3.245 »
Thiaucourt	3.748 250
Toul-Nord	2.673 »
Toul-Sud	1.498 750
ARRONDISSEMENT.	Kil. Gr. 14.341 250

E

Évaluation en numéraire des animaux et de leurs produits.

CANTONS.	ESPÈCE CHEVALINE.	ESPÈCE BOVINE.	TOTAUX.
Colombey	Fr. 534.600	Fr. 299.500	Fr. 834.100
Domèvre	592.900	338.500	931.400
Thiaucourt	618.750	268.000	886.750
Toul-Nord	372.350	258.500	630.850
Toul-Sud	202.400	147.000	349.400
ARRONDISSEMENT.	Fr. 2.321.000	Fr. 1.311.500	Fr. 3.632.500

CANTONS.	ESPÈCE OVINE.	ESPÈCE PORCINE.	TOTAUX.
Colombey	Fr. 40.425	Fr. 89.700	Fr. 130.125
Domèvre	41.300	110.700	152.000
Thiaucourt	47.705	90.600	138.305
Toul-Nord	34.020	52.950	86.970
Toul-Sud	19.075	42.000	61.075
ARRONDISSEMENT.	Fr. 182.525	Fr. 385 950	Fr. 568.475

CANTONS.	LAIT, 0 FR. 20 LITRE.	LAINE, 1 FR. 75 KILOG.	TOTAUX.
Colombey	Fr. 786.660	Fr. 5.558	Fr. 792.218
Domèvre	130.699	5.678	136.377
Thiaucourt	104.894	6.559	111.453
Toul-Nord	121.048	4.678	125.726
Toul-Sud	58.761	2.623	61.384
ARRONDISSEMENT	Fr. 1.202.062	Fr. 25.096	Fr. 1.227.158

RÉCAPITULATION.

Espèces chevaline et bovine	3.632.500 Fr.
— ovine et porcine	568.475
Produits : lait et laine	1.227.158
Total	5.428.133 Fr.

IV.

LES INSTRUMENTS DE TRAVAIL.

A Aides ruraux.

B Machines et outils : 1° Instruments d'extérieur de ferme ; 2° Instruments d'intérieur de ferme.

C Évaluation en numéraire des machines et outils.

AUXILIAIRES.

A

Les aides ruraux des deux sexes.

CANTONS.		
Colombey	131	1 aide pour 25 ha. 32
Domèvre	231	23 03
Thiaucourt	170	29 61
Toul-Nord	157	18 98
Toul-Sud	70	22 79
ARRONDISSEMENT	759	23 94

B

MACHINES ET OUTILS

1° Instruments d'extérieur de ferme.

MOISSONNEUSES.

CANTONS.	BURDICK.	CHAMPION.	ELSON.	HORNSBY.	JOHNSTON.	KIRBY.	OMNIUM.	OSBORN.	SAMUELSON.	SPRAGUE.	WOOD.	SANS NOM. X.	TOTAUX.
Colombey	»	»	»	1	»	1	»	»	»	»	»	»	2
Domèvre	4	»	»	»	3	1	»	»	13	»	4	2	27
Thiaucourt	»	»	»	»	»	»	»	»	4	2	5	2	13
Toul-Nord	»	»	»	3	1	»	»	»	2	1	»	2	9
Toul-Sud	»	»	»	1	»	»	»	1	»	1	»	2	5
ARRONDISSEMENT.	4	»	»	5	4	2	»	1	19	4	9	8	56

FAUCHEUSES-MOISSONNEUSES.

CANTONS.	BOULLY.	BUCKEYE.	BURDICK.	HORNSBY.	JOHNSTON.	KIRBY.	SAMUELSON.	SPRAGUE.	VOSGIENNE.	WOOD.	SANS NOM. X.	TOTAUX.
Colombey	»	»	»	1	»	1	»	1	»	»	»	3
Domèvre	»	»	1	»	»	5	»	2	»	5	»	13
Thiaucourt	»	»	»	»	1	»	»	»	»	5	»	6
Toul-Nord	»	1	»	»	1	»	»	1	»	1	»	4
Toul-Sud	»	»	»	»	»	»	»	»	»	»	»	»
ARRONDISSEMENT.	»	1	1	1	2	6	»	4	»	11	»	26

FAUCHEUSES.

CANTONS.	BURDICK.	CUMMING.	HORNSBY.	JOHNSTON.	KIRBY.	PARAGON.	SAMUELSON.	SPRAGUE.	WALTER.	WOOD.	SANS NOM. X.	TOTAUX.
Colombey.	»	»	»	»	»	»	»	»	»	4	1	5
Domèvre.	»	»	»	»	2	»	»	6	»	1	2	11
Thiaucourt	»	»	»	»	»	»	»	4	»	»	2	6
Toul-Nord.	»	»	»	»	»	»	»	2	»	1	»	3
Toul-Sud.	»	»	»	»	»	»	»	»	»	»	2	2
ARRONDISSEMENT.	»	»	»	»	2	»	»	12	»	6	7	27

FANEUSES. — RATEAUX A CHEVAL.

CANTONS.	FANEUSES.	RATEAUX A CHEVAL.
Colombey.	»	4
Domèvre.	»	10
Thiaucourt.	»	7
Toul-Nord.	»	5
Toul-Sud.	»	3
ARRONDISSEMENT.	»	29

BISOCS. — SEMOIRS.

CANTONS.	BISOCS.	SEMOIRS.
Colombey	8	»
Domèvre	17	3
Thiaucourt	3	3
Toul-Nord	3	»
Toul-Sud	9	1
ARRONDISSEMENT.	40	7

2° Instruments d'intérieur de ferme.

CANTONS.	TRIEURS.	TARARES.	HACHE-PAILLE.	COUPE-RACINES	CONCASSEURS.
Colombey	2	»	»	5	2
Domèvre	2	1	3	9	2
Thiaucourt	»	»	5	5	2
Toul-Nord	1	»	4	1	2
Toul-Sud	»	»	4	2	»
ARRONDISSEMENT.	5	1	16	22	8

Nombre d'hectares en céréales répartis aux Moissonneuses et Faucheuses-Moissonneuses.

CANTONS.	POUR MACHINES.	HECTARES EN CÉRÉALES.	POUR MACHINE.	HECTARES EN CÉRÉALES.
		Ha.		Ha.
Colombey	5	2.159 35	1	431 87
Domèvre	40	3.746 92	1	93 67
Thiaucourt	19	3.619 44	1	190 49
Toul-Nord	13	2.014 13	1	154 93
Toul-Sud	5	1.047 36	1	209 47
ARRONDISSEMENT.	82	12.587 20	1	153 50

Nombre d'hectares en prairies naturelles et artificielles, répartis aux Faucheuses-Moissonneuses et Faucheuses.

CANTONS.	POUR MACHINES.	HECTARES EN PRAIRIES.	POUR MACHINE.	HECTARES EN PRAIRIES.
		Ha.		Ha.
Colombey	8	971 86	1	121 48
Domèvre	24	1.121 59	1	46 73
Thiaucourt	12	1.079 46	1	89 95
Toul-Nord	7	735 92	1	105 15
Toul-Sud	2	462 74	1	231 37
ARRONDISSEMENT.	53	4.371 51	1	83 48

C

Évaluation en numéraire des instruments et machines mentionnés.

Instruments d'extérieur de ferme.

CANTONS.	MOISSONNEUSES. 1000 fr.	FAUCHEUSES-MOISSONNEUSES. 1250 fr.	FAUCHEUSES. 800 fr.	FANEUSES. 450 fr.	RÂTEAUX À CHEVAL 290 fr.	BISOCS. 280 fr.	SEMOIRS. 700 fr.	TOTAUX.
	Fr.	Fr.	Fr.	Fr.	Fr.	Fr.	Fr.	Fr.
Colombey	2.000	3.750	4.000	»	1.160	2.240	»	13.150
Domèvre	27.000	16.250	8.800	»	2.900	4.760	2.100	61.810
Thiaucourt	13.000	7.500	4.800	»	2.030	840	2.100	30.270
Toul-Nord	9.000	5.000	2.400	»	1.450	840	»	18.690
Toul-Sud	5.000	»	1.600	»	870	2.520	700	10.690
	Fr.	Fr.	Fr.	Fr.	Fr.	Fr.	Fr.	Fr.
ARRONDISSEMENT.	56.000	32.500	21.600	»	8.410	11.200	4.900	134.610

Instruments d'intérieur de ferme.

CANTONS.	TRIEURS. 200 fr.	TARARES. 75 fr.	HACHE-PAILLE. 200 fr.	COUPE-RACINES. 90 fr.	CONCASSEURS. 120 fr.	TOTAUX.
	Fr.	Fr.	Fr.	Fr.	Fr.	Fr.
Colombey	400	»	»	450	240	1.090
Domèvre	400	75	600	810	240	2.125
Thiaucourt	»	»	1.000	450	240	1.690
Toul-Nord	200	»	800	90	240	1.330
Toul-Sud	»	»	800	180	»	980
	Fr.	Fr.	Fr.	Fr.	Fr.	Fr.
ARRONDISSEMENT.	1.000	75	3.200	1.980	960	7.215

V.

RÉCAPITULATION

DES ÉVALUATIONS EN NUMÉRAIRE

DU SOL, DES INSTRUMENTS,

DES ANIMAUX

ET

DES PRODUITS PRINCIPAUX.

ARRONDISSEMENT DE TOUL

LES CINQ CANTONS

RÉCAPITULATION

I.	Le sol	36.322.397
II.	Les récoltes	5.438.112
III.	Les animaux et leurs produits	5.428.133
IV.	Les instruments	1.418.825
	Total	48.607.467

Nancy. — Imprimerie E. Réau, rue Saint-Dizier, 51.

DÉPARTEMENT DE MEURTHE-ET-MOSELLE

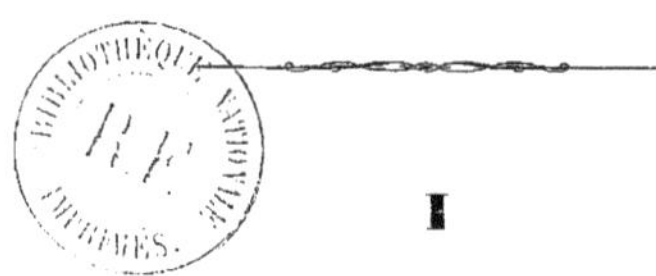

I

LE SOL

A Dénombrement des fermes.
B Nature du sol et répartition des diverses natures de sol.
C Répartition des terres cultivées et incultes.
D Amélioration et travail du sol.
E Valeur vénale du sol, son prix de location et sa rente.
F Évaluation en numéraire du sol des fermes.

DÉPARTEMENT DE MEURTHE-ET-MOSELLE.

LES QUATRE ARRONDISSEMENTS.

I.

LE SOL.

A

Dénombrement des fermes au-dessus de 20 hectares et classement par contenance.

ARRONDISSEMENTS	20 à 29	30 à 39	40 à 49	50 à 59	60 à 79	80 à 99	100 à 149	150 à 199	200 à 300	TOTAUX.
Briey	277	173	107	94	103	45	27	5	3	834
Lunéville	235	164	108	48	68	32	46	13	5	719
Nancy..	166	163	121	93	155	71	97	26	11	903
Toul	249	148	72	30	27	8	15	6	2	557
DÉPARTEMENT.	927	648	408	265	353	156	185	50	21	3.013

B

Nature du sol occupé par les fermes.

ARRONDISSEMENTS.	TERRE FORTE.	TERRE MOYENNE.	TERRE LÉGÈRE.	SUPERFICIE OCCUPÉE.
	Ha.	Ha.	Ha.	Ha.
Briey	10.775 28	15.996 64	10.201 80	36.973 72
Lunéville	14.808 38	12.821 95	6.447 52	34.077 85
Nancy	18.080 54	25.210 30	11.826 35	55.117 19
Toul	6.111 »	7.939 72	7.376 60	21.428 12
	Ha.	Ha.	Ha.	Ha.
DÉPARTEMENT.	49.776 »	61.968 61	35.852 27	147.596 88

Rapports en centièmes entre les diverses natures de terre.

ARRONDISSEMENTS.	TERRE FORTE.	TERRE MOYENNE.	TERRE LÉGÈRE.	
Briey	29 05	43 57	27 38	Pour 100 hectares.
Lunéville	36 82	42 62	20 56	
Nancy	29 »	46 »	25 »	
Toul	29 61	36 13	34 26	
DÉPARTEMENT.	31 12	42 08	26 80	

C

Surfaces occupées dans les fermes par les terres cultivées et incultes.

ARRONDISSEMENTS.	SURFACE CULTIVÉE.	SURFACE EN JACHÈRES.	BATIMENTS, CHEMINS, ETC.	CONTENANCE TOTALE.
	Ha.	Ha.	Ha.	Ha.
Briey.	30.765 92	4.350 04	1.857 76	36.973 72
Lunéville.	28.868 33	4.333 63	875 89	34.077 85
Nancy.	45.928 97	5.624 97	3.563 25	55.117 19
Toul.	18.249 39	2.457 32	721 41	21.428 12
	Ha.	Ha.	Ha.	Ha.
DÉPARTEMENT	123.812 61	16.765 96	7.018 31	147.596 88

Rapports en centièmes entre ces trois surfaces réunies.

ARRONDISSEMENTS.	SURFACE CULTIVÉE.	SURFACE EN JACHÈRES.	CHEMINS, BATIMENTS, ETC.	CONTENANCE.
Briey.	83 09	13 93	2 98	Pour 100 hectares.
Lunéville.	85 18	12 23	2 49	
Nancy.	84 41	10 35	5 24	
Toul.	84 60	11 56	3 84	
	—	—	—	
DÉPARTEMENT.	84 34	12 02	3 64	

D

Améliorations du sol et opérations.

ARRONDISSEMENTS.	HECTARES DRAINÉS.	HECTARES IRRIGUÉS.
Briey	998 89	618 »
Lunéville	715 43	1.013 86
Nancy	1.732 14	1.287 19
Toul	296 23	68 90
DÉPARTEMENT.	3.742 69	2.987 95

Rapports en centièmes.

ARRONDISSEMENTS.	ENTRE LES SURFACES DRAINÉES ET LE SOL CULTIVÉ.				ENTRE LES SURFACES IRRIGUÉES ET LES PRAIRIES NATURELLES.			
	La superficie du sol cultivé est à la partie drainée.				La surface des prairies nat. est à la partie irriguée.			
Briey	::	100	:	3 24	::	100	:	17 37
Lunéville	::	»	:	4 92	::	»	:	21 »
Nancy	::	»	:	3 61	::	»	:	20 39
Toul	::	»	:	1 51	::	»	:	3 94
DÉPARTEMENT.	::	100	:	3 32	::	100	:	15 70

Quantité d'hectares labourés par les fermiers pour les manœuvres.

Arrondissement de	Briey . . .	4.341 75
—	Lunéville.	4.468 10
—	Nancy. . .	6.102 55
—	Toul. . . .	3.374 55
	DÉPARTEMENT.	18.286 95

E

Valeur vénale de l'hectare.

TERRES. — ARRONDISSEMENTS.	1re CLASSE. PRIX			2e CLASSE. PRIX			3e et 4e CLASSES. PRIX		
	plus haut	plus bas.	MOYEN.	plus haut	plus bas.	MOYEN.	plus haut	plus bas.	MOYEN.
Briey	Fr. 4.000	Fr. 2.000	Fr. 2.393	Fr. 1.900	Fr. 1.000	Fr. 1.462	Fr. 900	Fr. 150	Fr. 685
Lunéville	4.500	2.000	2.421	1.900	1.000	1.468	1.200	200	809
Nancy.	6.000	2.000	3.121	3.000	1.000	1.941	1.800	300	1.080
Toul.	5.000	2.000	2.681	1.950	1.000	1 436	1.000	150	634
DÉPARTEMENT.	Fr. 6.000	Fr. 2.000	Fr. 2.404	Fr. 3.000	Fr. 1.000	Fr. 1.577	Fr. 1.800	Fr. 150	Fr. 802

Valeur locative de l'hectare.

TERRES. — ARRONDISSEMENTS.	1re Classe. PRIX plus haut.	plus bas.	MOYEN.	2e Classe. PRIX plus haut.	plus bas.	MOYEN.	3e et 4e Classes. PRIX plus haut.	plus bas.	MOYEN.
Briey	Fr. 105	Fr. 45	Fr. 60	Fr. 70	Fr. 23	Fr. 47 »	Fr. 38	Fr. 10	Fr. 23
Lunéville	150	40	73	75	30	50 »	50	10	33
Nancy	170	55	82	100	30	63 »	70	16	40
Toul	150	35	63	60	25	43 »	40	8	28
DÉPARTEMENT	Fr. 170	Fr. 35	Fr. 70	Fr. 100	Fr. 23	Fr. 51 »	Fr. 70	Fr. 8	Fr. 34

Rente locative de l'hectare.

TERRES. — ARRONDISSEMENTS.	1re Classe. — REVENU MOYEN.	2e Classe. — REVENU MOYEN.	3e et 4e Classes — REVENU MOYEN.
Briey	Fr. 2 48	Fr. 3 22	Fr. 3 38
Lunéville	3 »	3 47	4 40
Nancy	2 68	3 23	4 20
Toul	2 40	3 05	4 43
DÉPARTEMENT	Fr. 2 64	Fr. 3 24	Fr. 4 10

F

Évaluation moyenne de la valeur des terres constituant les fermes de 20 hectares et au-dessus.

ARRONDISSEMENTS.	TERRES MOYENNES. — 1re CLASSE.	TERRES LÉGÈRES. — 2e CLASSE.	TERRES FORTES. — 3e et 4e CLASSES.	TOTAUX.
Briey	Fr. 38.023.525	Fr. 15.443.807	Fr. 7.655.893	Fr. 61.123.225
Lunéville	30.340.922	9.664.875	12.415.206	52.421.003
Nancy	72.961.412	21.250.960	18.551.776	112.764.148
Toul	21.699.998	10.584.019	4.038.380	36.322.397
DÉPARTEMENT.	Fr. 163.025.857	Fr. 56.943.661	Fr. 32.661.255	Fr. 262.630.773

II

PRODUITS VÉGÉTAUX

LES RÉCOLTES

A Leur répartition.
B Leurs rendements et production.
C Leur répartition dans l'alimentation de l'homme et des animaux.
D Évaluation en numéraire de leurs produits.

A

Répartition des diverses cultures sur le sol des fermes.

ARRONDISSEMENTS.	CÉRÉALES.	PRAIRIES NATURELLES.	PRAIRIES ARTIFICIELLES.	PLANTES SARCLÉES.	VIGNES, HOUBLONS.
	Ha.	Ha.	Ha.	Ha.	Ha.
Briey	22.953 76	3.557 66	2.876 63	1.372 77	7 10
Lunéville	17.801 12	6.048 13	3.475 83	1.294 96	248 29
Nancy	29.173 60	8.265 16	5.548 04	2.477 97	462 80
Toul	12.587 20	2.067 67	2.303 90	1.077 04	213 58
	Ha.	Ha.	Ha.	Ha.	Ha.
DÉPARTEMENT.	82.515 68	19.938 62	14.204 40	6.222 74	931 77

Rapports en centièmes entre la surface du sol cultivé et celle occupée par les diverses cultures (vignes et houblonnières exceptées).

ARRONDISSEMENTS.	SURFACE.	CÉRÉALES	PRAIRIES NATURELLES.	PRAIRIES ARTIFICIELLES.	PLANTES SARCLÉES.
		Ha.	Ha.	Ha.	Ha.
Briey	100 hectares contiennent.	74 26	11 20	10 11	4 43
Lunéville		57 20	23 40	14 60	4 80
Nancy		61 89	18 14	12 85	7 12
Toul		68 91	12 30	13 05	5 74
	—	—	—	—	—
		Ha.	Ha.	Ha.	Ha.
DÉPARTEMENT.	100 hectares.	65 56	16 26	12 66	5 52

Rapports en centièmes entre diverses cultures :
Céréales et plantes sarclées. — Prairies naturelles et prairies artificielles.

SUR 100 HECTARES.

ARRONDISSEMENTS.	CÉRÉALES.	PLANTES SARCLÉES.	PRAIRIES NATURELLES.	PRAIRIES ARTIFICIELLES.
Briey	94 69	5 31	52 93	47 07
Lunéville	91 80	8 20	65 60	34 40
Nancy.......	90 93	9 07	58 85	41 15
Toul........	92 43	7 57	47 74	52 26
DÉPARTEMENT.	92 46	7 54	56 28	43 72

Répartition des diverses céréales sur le sol des fermes.

ARRONDISSEMENTS.	BLÉ.	SEIGLE.	ORGE.	AVOINE.	TOTAUX.
	Ha.	Ha.	Ha.	Ha.	Ha.
Briey.......	10.963 88	634 62	968 60	10.386 66	22.953 76
Lunéville.....	9.315 57	855 06	290 75	7.339 74	17.801 12
Nancy.......	15.668 66	1.465 34	1.483 92	10.555 66	29.173 58
Toul........	5.907 10	288 11	790 76	5.601 23	12.587 20
DÉPARTEMENT.	Ha. 41.855 21	Ha. 3.243 13	Ha. 3.534 03	Ha. 33.883 29	Ha. 82.515 66

Rapports en centièmes entre les diverses céréales.

ARRONDISSEMENTS.		BLÉ.	SEIGLE.	ORGE.	AVOINE.
Briey	Pour 100 hectares.	Ha. 46 96	Ha. 2 96	Ha. 4 09	Ha. 45 39
Lunéville		50 55	5 63	1 37	42 45
Nancy		53 65	4 95	4 40	37 »
Toul		45 26	2 48	8 43	43 83
DÉPARTEMENT.		Ha. 49 10	Ha. 4 »	Ha. 4 73	Ha. 42 17

Répartition des diverses plantes sarclées (betteraves, pommes de terre et autres).

ARRONDISSEMENTS.	BETTERAVES.	POMMES DE TERRE.	DIVERSES : MAÏS, TOPINAMBOURS, COLZA, ETC.	TOTAUX.
Briey	Ha. 173 52	Ha. 1.162 87	Ha. 34 38	Ha. 1.370 77
Lunéville	229 50	1.026 43	39 03	1.294 96
Nancy	807 54	1.556 04	114 39	2.477 97
Toul	165 01	898 72	15 31	1.077 04
DÉPARTEMENT	Ha. 1.375 57	Ha. 4.644 06	Ha. 203 11	Ha. 6.220 74

Rapports en centièmes entre les diverses plantes sarclées.

ARRONDISSEMENTS.		BETTERAVES.	POMMES DE TERRE.	DIVERSES.
Briey	Pour 100 hectares.	Ha. 12 66	Ha. 84 84	Ha. 2 50
Lunéville		18 55	78 73	2 72
Nancy		31 36	63 07	5 57
Toul		15 96	82 60	1 44
DÉPARTEMENT.	Pour 100 hectares.	Ha. 19 63	Ha. 77 [illegible]1	Ha. 3 06

B

Rendements des céréales par hectare exprimés en kilogrammes.

ARRONDISSEMENTS.	BLÉ.			SEIGLE.			ORGE.			AVOINE.		
	Plus haut	Plus bas.	MOYEN.	Plus haut	Plus bas.	MOYEN.	Plus haut	Plus bas.	MOYEN.	Plus haut	Plus bas.	M
Briey	1.960	746	Kg. 1.198	1.300	835	Kg. 1.112	1.443	782	Kg. 1.155	1.497	843	1
Lunéville	2.125	800	1.199	1.800	629	1.171	1.700	500	990	1.800	515	
Nancy	2.290	800	1.328	2.000	700	1.282	2.000	800	1.429	2.100	730	1
Toul	2.500	500	1.102	2.500	630	1.059	2.200	700	1.120	4.620	600	1
DÉPARTEMENT.	2.500	500	Kg. 1.207	2.500	630	Kg. 1.156	2.200	500	Kg. 1.171	2.100	515	1

Rendements moyens des céréales exprimés en hectolitres.

ARRONDISSEMENTS.	BLÉ.	SEIGLE.	ORGE.	AVOINE.
Briey	15 74	15 44	19 23	22 28
Lunéville	15 77	16 26	18 87	20 45
Nancy	17 47	17 81	23 81	27 83
Toul	14 50	14 70	18 67	21 27
	—	—	—	—
DÉPARTEMENT.	15 87	16 05	20 14	22 98

Rendements des prairies naturelles et artificielles exprimés en kilogrammes.

POUR 1 HECTARE.

ARRONDISSEMENT.	PRAIRIES NATURELLES.			PRAIRIES ARTIFICIELLES.		
	Plus haut.	Plus bas.	RENDEMENT MOYEN.	Plus haut.	Plus bas.	RENDEMENT MOYEN.
Briey	12.144	1.717	4.049	5.913	2.350	5.771
Lunéville	7.500	780	3.270	11.600	1.200	4.660
Nancy	9.500	1.000	3.241	12.500	2.000	4.765
Toul	7.500	750	2.649	10.000	1.000	3.434
	—		—	—		—
DÉPARTEMENT.	12.144	750	3.302	12.500	1.000	4.657

Rendements des plantes sarclées exprimés en kilogrammes.

ARRONDISSEMENTS.	BETTERAVES.			POMMES DE TERRE.		
	Plus haut.	Plus bas.	RENDEMENT MOYEN.	Plus haut.	Plus bas.	RENDEMENT MOYEN.
Briey	33.800	18.040	23.746	16.854	5.100	10.557
Lunéville	60.000	20.000	31.240	24.600	6.000	12.844
Nancy	92.000	18.000	32.434	25.000	3.500	11.684
Toul	50.000	15.000	24.369	18.000	5.000	9.603
	—		—	—		—
DÉPARTEMENT.	92.000	15.000	27.947	25.000	3.500	11.172

Rapports en centièmes entre le rendement des prairies naturelles et celui des prairies artificielles.

ARRONDISSEMENTS.	PRAIRIES NATURELLES.	PRAIRIES ARTIFICIELLES.
Briey	Qx. 43	Qx. 57
Lunéville	42	58
Nancy	36	64
Toul	41	59
	—	—
DÉPARTEMENT.	Qx. 40	Qx. 60

Rapports en centièmes entre le rendement des betteraves et celui des pommes de terre.

ARRONDISSEMENTS.	BETTERAVES.	POMMES DE TERRE.
Briey	Qx. 69	Qx. 31
Lunéville	70	30
Nancy	72	28
Toul	71	29
	—	—
DÉPARTEMENT.	Qx. 70	Qx. 30

Production des récoltes, d'après leurs rendements moyens, exprimée en quintaux.

CÉRÉALES.

ARRONDISSEMENTS.	BLÉ.	SEIGLE.	ORGE.	AVOINE.
Briey	134.632 53	6.096 73	10.966 05	110.171 40
Lunéville	113.877 63	10.026 82	3.497 04	70.523 36
Nancy	202.390 49	19.011 43	20.222 30	137.645 13
Toul	64.067 65	3.090 91	8.792 85	55.614 38
DÉPARTEMENT.	514.963 30	38.225 89	43.478 24	373.954 27

Production des récoltes, d'après leurs rendements moyens, exprimée en hectolitres.

CÉRÉALES.

ARRONDISSEMENTS.	BLÉ.	SEIGLE.	ORGE.	AVOINE.
Briey	177.148 05	8.467 66	18.276 71	236.139 15
Lunéville	149.803 44	13.921 48	5.827 86	149.944 36
Nancy	266.303 33	26.404 73	33.703 80	292.861 92
Toul	84.299 52	4.292 91	14.654 73	118.328 45
DÉPARTEMENT.	677.554 31	53.086 78	72.463 10	797.273 88

Rapports en centièmes, de la production des diverses céréales, exprimés en quintaux métriques.

ARRONDISSEMENTS.	PRODUCTION EN CENTIÈMES.	BLÉ.	SEIGLE.	ORGE.	AVOINE.
Briey	100	50 73	2 36	4 66	42 25
Lunéville		55 22	6 04	1 60	37 14
Nancy		53 16	4 91	4 63	37 30
Toul		47 93	2 51	8 80	40 76
	—	—	—	—	—
DÉPARTEMENT.	100	51 76	3 95	4 92	39 37

Rapports en centièmes, de la production des diverses céréales, exprimés en hectolitres.

ARRONDISSEMENTS.	PRODUCTION EN CENTIÈMES.	BLÉ.	SEIGLE.	ORGE.	AVOINE.
Briey	100	40 28	2 14	4 53	53 05
Lunéville		44 72	5 12	1 61	48 55
Nancy		42 85	4 14	4 71	48 30
Toul		37 56	2 09	8 77	51 58
	—	—	—	—	—
DÉPARTEMENT.	100	41 35	3 38	4 90	50 37

Production des récoltes.

PRAIRIES NATURELLES ET ARTIFICIELLES.

ARRONDISSEMENTS.	PRAIRIES NATURELLES.	PRAIRIES ARTIFICIELLES.
Briey	Qx. 134.897 »	Qx. 170.253 »
Lunéville	196.870 »	149.614 »
Nancy	267.874 »	264.364 »
Toul	55.321 »	80.123 »
DÉPARTEMENT.	Qx. 654.962 »	Qx. 664.354 »

Production des récoltes.

PLANTES SARCLÉES.

ARRONDISSEMENTS.	BETTERAVES.	POMMES DE TERRE.
Briey	Qx. 44.710	Qx. 127.169
Lunéville	73.462	129.594
Nancy	261.917	181.808
Toul	39.096	85.193
DÉPARTEMENT.	Qx. 416.185	Qx. 523.764

C

Répartition par tête d'habitants de la production du blé et du seigle.

ARRONDISSEMENTS.	BLÉ	SEIGLE.
Briey	Pour 1 habitant Lit. 367 14 par an.	Pour 1 habitant Lit. 17 77 par an.
Lunéville	220 »	13 »
Nancy	214 »	19 »
Toul	157 07	7 62
	—	—
DÉPARTEMENT.	Lit. 239 55	Lit. 14 35

Répartition par tête de chevaux de la production de l'avoine.

ARRONDISSEMENTS.	AVOINE.		
Briey	Pour 1 cheval par an Lit. 3.191	Par jour	Lit. 8 74
Lunéville	2.047		5 36
Nancy	2.450		6 71
Toul	3.396		9 30
	—		—
DÉPARTEMENT.	Lit. 2.771		Lit. 7 30

Répartition par tête d'animaux des espèces chevaline et bovine de la production réunie des prairies naturelles et des prairies artificielles.

ARRONDISSEMENTS.	PAR AN.	PAR JOUR.
Briey	Qx. Gr. 23 300	Kos. Gr. 6 330
Lunéville	29 340	7 »
Nancy	25 200	6 900
Toul	19 510	5 700
	—	—
DÉPARTEMENT.	Qx. 24 340	Kos. Gr. 6 480

D

Évaluation en numéraire de la production des récoltes d'après le prix moyen des deux dernières années, 1876 et 1877.

CÉRÉALES.

ARRONDISSEMENTS.	BLÉ 28f 50.	SEIGLE 19f 72.	ORGE 20f 10	AVOINE 21f 48.	TOTAUX.
Briey	4.350.124f	120.213f	220.416f	2.366.473f	7.057.226f
Lunéville	3.239.208	197.728	70.200	1.514.835	5.022.061
Nancy	5.768.114	374.914	406.460	2.956.592	9.506.080
Toul	1.825.909	139.832	176.736	1.194.588	3.337.065
DÉPARTEMENT.	15.183.355f	832.687f	873.902f	8.032.488f	24.922.433f

FOURRAGES.

ARRONDISSEMENTS.	FOIN DE PRAIRIE, TRÈFLE, LUZERNE, ETC. 11f 79.
Briey	Fr. 3.597.718
Lunéville	4.085.050
Nancy	6.339.114
Toul	1.596.895
DÉPARTEMENT.	15.618.777f

PLANTES SARCLÉES.

ARRONDISSEMENTS.	BETTERAVES, 2f LE QUINTAL.	POMMES DE TERRE, 5f LE QUINTAL.	TOTAUX.
Briey	Fr. 83.420	Fr. 637.845	Fr. 721.265
Lunéville	146.924	647.970	794.894
Nancy	401.658	922.540	1.414.198
Toul	78.192	425.965	504.157
DÉPARTEMENT.	Fr. 800.194	Fr. 2.634.320	Fr. 3.434.514

RÉCAPITULATION.

Céréales	24.922.433 Fr.
Fourrages	15.618.777
Racines et tubercules	3.434.514
TOTAL	43.975.724 Fr.

III

LES ANIMAUX DE LA FERME

A Leur dénombrement et leur répartition par espèce.
B Leur répartition par genres.
C Leurs rapports avec le sol et les récoltes.
D Leurs produits.
E Évaluation en numéraire des animaux et de leurs produits.

A

Dénombrement des animaux de la ferme.

ARRONDISSEMENTS.	ANIMAUX DES ESPÈCES			
	CHEVALINE.	BOVINE.	OVINE.	PORCINE.
Briey	7.208	6.801	4.688	5 511
Lunéville	7.384	5.875	13.623	4.790
Nancy	13.771	8.623	25.338	5.823
Toul	4.220	2.623	5.215	2.573
DÉPARTEMENT.	32.583	23.922	48.864	18.697

Dénombrement des têtes de bétail.

Un cheval = 1. *Un* bœuf = 1. *Dix* moutons = 1. *Cinq* porcs = 1.

ARRONDISSEMENTS.	ANIMAUX DES ESPÈCES				
	CHEVALINE.	BOVINE.	OVINE.	PORCINE.	TOTAUX.
Briey	7.208	6.801	468 8	1.102 2	15.580 0
Lunéville	7.384	5.875	1.362 3	958 0	15.579 3
Nancy	13.771	8.623	2.533 8	1.170 6	26.098 4
Toul	4.220	2.623	521 5	514 6	7.879 1
DÉPARTEMENT.	32.583	23.922	4.886 4	3.745 4	65.136 8

Rapports en centièmes entre les espèces animales de la ferme.

ARRONDISSEMENTS.	ESPÈCES :			
	CHEVALINE.	BOVINE.	OVINE.	PORCINE.
Briey.	31	28	18	23
Lunéville	23	23	34	20
Nancy	25	17	45	13
Toul.	28	18	36	18
	—	—	—	—
DÉPARTEMENT.	27	21	33	19

Rapports en centièmes entre les têtes de bétail.

ARRONDISSEMENTS.	ESPÈCES :			
	CHEVALINE.	BOVINE.	OVINE.	PORCINE.
Briey.	47	43	3	7
Lunéville	43	43	7 3	6 7
Nancy.	50	36	10	4
Toul	52	34	7	7
	—	—	—	—
DÉPARTEMENT.	48	39	7	6

Rapports en centièmes entre les animaux des espèces chevaline et bovine.

ARRONDISSEMENTS.	ANIMAUX.	ESPÈCE CHEVALINE.	ESPÈCE BOVINE.
Briey	100 têtes.	52	48
Lunéville		50	50
Nancy		58	42
Toul		60	40
		—	—
DÉPARTEMENT.		55	45

Rapports en centièmes entre les animaux des espèces ovine et porcine.

ARRONDISSEMENTS.	ANIMAUX.	ESPÈCE OVINE.	ESPÈCE PORCINE.
Briey	100 têtes.	46	54
Lunéville		60	40
Nancy		78	22
Toul		66	34
		—	—
DÉPARTEMENT.		63	37

B

Répartition des animaux.

ESPÈCE CHEVALINE.

ARRONDISSEMENTS.	CHEVAUX.	JUMENTS.	POULAINS et POULICHES.	ÉTALONS.	TOTAUX.
Briey	2.009	3.095	1.872	232	7.208
Lunéville	2.405	2.972	1.791	216	7.384
Nancy	4.412	5.375	3 532	452	13.771
Toul	1.373	1.898	779	170	4.220
DÉPARTEMENT.	10.199	13.340	7.974	1070	32.583

ESPÈCE BOVINE.

ARRONDISSEMENTS.	BOEUFS.	VACHES et GÉNISSES.	TAUREAUX.	TOTAUX.
Briey	740	5.731	330	6.801
Lunéville	882	4.734	259	5.875
Nancy	752	7.488	383	8.623
Toul	361	2.189	73	2.623
DÉPARTEMENT.	2.735	20.142	1.045	23.922

Rapports en centièmes entre les animaux.

ESPÈCE CHEVALINE.

ARRONDISSEMENTS.	CHEVAUX.	JUMENTS.	POULAINS ET POULICHES.	ÉTALONS.
Briey	27	44	26	3
Lunéville	32	40	25	3
Nancy	32	38	26	4
Toul	31	45	18	6
	—	—	—	—
DÉPARTEMENT.	30	42	24	4

ESPÈCE BOVINE.

ARRONDISSEMENTS.	BŒUFS.	VACHES ET GÉNISSES.	TAUREAUX.
Briey	12	83	5
Lunéville	14	80	6
Nancy	7	87	6
Toul	12	84	4
	—	—	—
DÉPARTEMENT.	11	84	5

C

Rapports en centièmes entre le nombre de têtes de bétail et le nombre d'hectares en culture.

ARRONDISSEMENTS.	HECTARES EN CULTURE.	TÊTES DE BÉTAIL.	HECTARE.	TÊTE DE BÉTAIL.	
Briey.	Pour 100 hectares.	51 têtes.	Pour 1 hectare.	1/2	$\frac{1}{100}$
Lunéville.		55		1/2	$\frac{1}{20}$
Nancy.		56		1/2	$\frac{6}{10}$
Toul.		45		1/3	$\frac{3}{25}$
		—		—	
DÉPARTEMENT.	Pour 100 hectares.	52 têtes.	Pour 1 hectare.	1/2	$\frac{2}{100}$

Rapports en centièmes entre le nombre de têtes de bétail herbivore et le nombre d'hectares en prairies naturelles et artificielles.

ARRONDISSEMENTS.	HECTARES EN PRAIRIES.	TÊTES DE BÉTAIL.	HECTARE.	TÊTE DE BÉTAIL.	
Briey.	Pour 100 hectares.	223 têtes.	Pour 1 hectare.	2 têtes	$\frac{2}{6}$
Lunéville.		146		1	$\frac{1}{2}$
Nancy.		165		1	$\frac{5}{6}$
Toul		167		1	$\frac{2}{3}$
	—	—	—	—	
DÉPARTEMENT.	Pour 100 hectares.	173 têtes.	Pour 1 hectare.	1	$\frac{3}{4}$

D

Produits des animaux de la ferme.

LE LAIT.

ARRONDISSEMENTS.	PRODUCTION TOTALE.	CONVERTI EN BEURRE OU FROMAGE.	CONSOMMÉ SUR PLACE.	VENDU AU DEHORS.	PRIX DU LITRE.
	Lit.	Lit.	Lit.	Lit.	Fr.
Briey	5.608.426	3.405.433	1.270.359	932.634	0 175
Lunéville	4.905.629	2.726.084	1.080.721	1.098.724	0 20
Nancy	10.593.994	4.196.094	1.481.817	4.916.083	0 185
Toul	2.600.967	1.388.804	752.535	459.628	0 20
DÉPARTEMENT.	23.709.016	11.716.415	4.585.432	7.407.069	0 fr. 19

Rapports en centièmes entre les divers emplois du lait.

ARRONDISSEMENTS.	SUR QUANTITÉ PRODUITE.	QUANTITÉ CONVERTIE EN BEURRE OU FROMAGE.	CONSOMMÉE SUR PLACE.	VENDUE AU DEHORS
	Lit.	Lit.	Lit.	Lit.
Briey	100	60	23	17
Lunéville		58	20	22
Nancy		38	13	49
Toul		51	31	18
	—	—	—	—
DÉPARTEMENT.	100 Lit.	52	22 Lit.	26 Lit.

Quantité de lait fournie par jour par une vache, déduction faite des génisses,
(les deux cinquièmes du nombre) **et le temps de production estimé à 300 jours.**

ARRONDISSEMENTS.	VACHES LAITIÈRES.	LAIT FOURNI PAR AN.	VACHE.	LAIT FOURNI PAR JOUR.
Briey	3.441	Lit. 5.608.426	1	Lit. 5 88
Lunéville	2.942	4.905.629	1	5 55
Nancy	4.511	10.593.994	1	8 33
Toul	1.309	2.600.967	1	6 60
DÉPARTEMENT.	12.203	Lit. 23.709.016	1	6 47

Répartition de la production annuelle du lait par tête d'habitants.

ARRONDISSEMENTS.	POUR UN HABITANT.
Briey	Par an. Lit. 109 09
Lunéville	72 17
Nancy	78 56
Toul	44 50
DÉPARTEMENT.	76 08

LA LAINE

Rendements moyens annuels

Estimés pour moutons de races et du pays réunis, à 2 kilog. 750.

ARRONDISSEMENTS.	Kil.	Gr.
Briey	12.912	»
Lunéville	37.463	250
Nancy	69.679	500
Toul	14.341	750
DÉPARTEMENT.	134.396	000

E

Évaluation en numéraire des animaux et de leurs produits.

ARRONDISSEMENTS.	ESPÈCE CHEVALINE.	ESPÈCE BOVINE.	TOTAUX.
	Fr.	Fr.	Fr.
Briey	3.964.400	3.400.500	7.364.900
Lunéville	4.061.200	2.643.750	6.704.950
Nancy	7.574.050	4.284.000	11.858.050
Toul	2.321.000	1.311.500	3.632.500
DÉPARTEMENT.	Fr. 17.920.650	Fr. 11.639.750	Fr. 29.560.400

ARRONDISSEMENTS.	ESPÈCE OVINE.	ESPÈCE PORCINE.	TOTAUX.
	Fr.	Fr.	Fr.
Briey	164.790	826 650	991.440
Lunéville	476.805	718.500	1.195.305
Nancy	886.830	877.950	1.764.780
Toul	182.525	385.950	568.475
DÉPARTEMENT.	Fr. 1 710.950	Fr. 2.809.050	Fr. 4.520.000

ARRONDISSEMENTS.	LAIT, 0 FR. 20 LITRE.	LAINE, 1 FR. 75 KILOG.	TOTAUX.
Briey	Fr. 841.263	Fr. 22.596	Fr. 863.859
Lunéville	970.532	66.190	1.036.722
Nancy	2.046.679	121.839	2.168.518
Toul	1.202.062	25.096	1.227.158
DÉPARTEMENT.	Fr. 5.060.536	Fr. 235.721	Fr. 5.296.257

RÉCAPITULATION.

Espèces chevaline et bovine	29.560.400 Fr.
— ovine et porcine	4.520.000
Produits, lait et laine	5.296.257
Total	39.376.657 Fr.

V.

RÉCAPITULATION

DES ÉVALUATIONS EN NUMÉRAIRE

DU SOL, DES INSTRUMENTS,

DES ANIMAUX

ET

DES PRODUITS PRINCIPAUX.

DÉPARTEMENT DE MEURTHE-ET-MOSELLE

LES QUATRE ARRONDISSEMENTS

RÉCAPITULATION

I.	Le sol	262.630.773 Fr.
II.	Les récoltes	43.975.724
III.	Les animaux et leurs principaux produits	39.376.657
IV.	Les instruments	1.023.540
	TOTAL	347.006.694 Fr.

Nancy. — Imprimerie E. RÉAU, rue Saint-Dizier, 51.

www.ingramcontent.com/pod-product-compliance
Ingram Content Group UK Ltd.
Pitfield, Milton Keynes, MK11 3LW, UK
UKHW021049220726
13924UKWH00005B/2061